养殖致富攻略·疑难问题精解

高效科学养鸽

GAOXIAO KEXUE
YANGGE 100 WEN

100 问

卜 柱 汤青萍 主编

中国农业出版社
北 京

图书在版编目（CIP）数据

高效科学养鸽 100 问/卜柱，汤青萍主编 .—北京：
中国农业出版社，2019.11（2023.3 重印）
（养殖致富攻略·疑难问题精解）
ISBN 978-7-109-25628-6

Ⅰ.①高… Ⅱ.①卜…②汤… Ⅲ.①鸽－饲养管理
－问题解答 Ⅳ.①S836-44

中国版本图书馆 CIP 数据核字（2019）第 126996 号

中国农业出版社出版
地址：北京市朝阳区麦子店街 18 号楼
邮编：100125
责任编辑：周锦玉　　责任校对：巴洪菊
版式设计：王　晨
印刷：中农印务有限公司
版次：2019 年 11 月第 1 版
印次：2023 年 3 月北京第 2 次印刷
发行：新华书店北京发行所
开本：880mm×1230mm 1/32
印张：7.75　　插页：4
字数：210 千字
定价：29.80 元

本书有关用药的声明

编写人员

前言

FOREWORD

　　随着国民经济的飞跃发展，人民生活水平的不断提高，鸽产品的消费已经从宾馆、饭店宴席飞入平常百姓家庭的餐桌。为满足人们日益增加的对鸽产品的需求，肉鸽的养殖也随之掀起热潮。传统肉鸽生产已经发生了质的飞越，逐渐向规模化、标准化转变。目前，养鸽业已取得明显的社会效益和经济效益，逐渐成为畜牧业中一个独立的产业分支。

　　然而，我国仍有部分地区肉鸽养殖还停留在初级阶段，一些养殖者水平有限，有些人在养鸽前没有从事过养殖业，也没有接受过系统性培训，养殖操作缺乏科学性、规范性，出现了随意选择肉鸽场址，修建的鸽舍比较简陋，配套的饲养设施设备落后；任意增加饲养密度，鸽舍内小环境恶劣；重医治轻饲养、管理靠感觉等"饲养无标准、防疫无程序、产品品质差"现象，严重制约我国鸽业的发展。

　　因此，为适应当前肉鸽健康养殖的发展需要，我们围绕肉鸽的高效饲养各个环节编写了本书。本书汇集了近些年来国内外养鸽业的最新技术，以图文并茂的方式展现给大家，以期为推动我国肉鸽规模化、机械化、标准化饲养进程做出贡献。

本书在编写过程中得到了中国农业科学院家禽研究所、北京市农林科学院畜牧兽医研究所、广州市益尔畜牧自动化设备有限公司、江苏威特凯鸽业有限公司、北京优帝鸽业有限公司、河南天成鸽业有限公司、河南省安阳市翔邦农业有限公司、广东省中山市石岐鸽养殖有限公司、湖南全民鸽业有限公司、河北宁达饲料有限公司等院校科研单位和企业家的帮助，在此一并表示感谢。

由于编写人员的水平有限，书中不足之处在所难免，希望读者提出宝贵意见。

编　者

2018 年 10 月

目录
CONTENTS

前言

一、现代化鸽场的建设与管理 ……………………………………… 1

  1. 我国肉鸽养殖业的发展概况是怎样的？ …………………… 1

  2. 如何申办一个养鸽场？ ……………………………………… 5

  3. 鸽场建设项目如何进行投资概算、预算和估算？ ………… 5

  4. 鸽场场址如何选择？ ………………………………………… 7

  5. 鸽场如何分区规划及布局？ ………………………………… 8

  6. 鸽舍建设参数和要求有哪些？ ……………………………… 10

  7. 鸽舍笼具设备如何选择与应用？ …………………………… 13

  8. 鸽舍喂料设备如何选择与应用？ …………………………… 15

  9. 鸽舍饮水设备如何选择与应用？ …………………………… 17

  10. 鸽舍光照设备如何选择与应用？ ………………………… 20

  11. 鸽舍通风设备如何选择与应用？ ………………………… 21

  12. 鸽舍温控设备如何选择与应用？ ………………………… 23

  13. 鸽舍清粪设备如何选择与应用？ ………………………… 23

  14. 如何培训和任用鸽场饲养人员？ ………………………… 25

  15. 鸽场核心人员需要具备哪些素养？如何构建鸽场

     核心人员？ ………………………………………………… 25

  16. 如何提高鸽场的经济效益？ ……………………………… 28

17. 如何提升鸽场的生产效能？ ················· 32
18. 现代化肉鸽场的软硬件设施建设方案要求是什么？ ······ 34

二、品种与繁育 ·· 43

19. 国内有哪些肉鸽品种资源？目前市场上有哪些
优良品种（配套系）？ ····················· 43
20. 国外有哪些优良肉鸽品种资源？ ············· 45
21. 为什么要开展肉鸽育种？ ··················· 48
22. 如何开展品系选育？ ······················· 50
23. 如何开展新品种（配套系）培育？ ··········· 55
24. 肉鸽新品种配套系审定和肉鸽遗传资源鉴定技术
规范是什么？ ······························· 60
25. 肉鸽引种的操作流程及注意事项有哪些？ ····· 61
26. 肉鸽选种的操作流程及注意事项有哪些？ ····· 61
27. 种鸽场的建设规范、生产标准、申报条件及
管理要求有哪些？ ··························· 64
28. 公鸽的生殖生理特点是什么？ ··············· 70
29. 母鸽的生殖生理特点是什么？ ··············· 72
30. 母鸽的产蛋机制是什么？ ··················· 74
31. 肉鸽的自然繁殖过程及注意事项有哪些？ ····· 75
32. 鸽蛋人工孵化技术规范及注意事项有哪些？ ··· 79
33. 公母鸽乳中有哪些营养成分？公母鸽乳有何差异？ ······ 84
34. 如何进行鸽的性别鉴定？ ··················· 84
35. 如何鉴别鸽的年龄？ ······················· 91

三、营养与饲料 ·· 93

36. 肉鸽正常生长繁殖需要哪些营养物质来维持？ ······· 93
37. 肉鸽的饲料种类有哪些？其营养成分有哪些特点？ ······ 97
38. 什么是常规饲料？ ······················· 102
39. 什么是非常规饲料？ ······················· 102

40. 怎样进行饲料原料质量控制? ……………………… 102

41. 什么是蛋白质浓缩饲料? 浓缩饲料配制的
基本原则是什么? ………………………………… 104

42. 什么是原粮饲料? 如何配制? 影响原粮饲料质量的
因素有哪些? ……………………………………… 105

43. 什么是配合饲料? 不同时期配合饲料的
配制技术有哪些? ………………………………… 108

44. 什么是全价颗粒饲料? 使用全价颗粒饲料
有哪些注意事项? ………………………………… 111

45. 蛋白质浓缩饲料与原粮搭配使用有哪些技巧? ……… 112

46. 全价颗粒饲料与原粮搭配使用有哪些技巧? ……… 112

47. 什么是饲料添加剂? 如何分类? 有哪些作用? ……… 113

48. 鸽用新型绿色饲料添加剂的种类有哪些? 有何功效?
应用中存在哪些问题? …………………………… 115

49. 什么是预混合饲料? 生产中如何正确配制和使用
预混合饲料? ……………………………………… 119

50. 什么是保健砂? 生产中如何正确配制和使用保健砂? ……
……………………………………………………… 120

四、饲养与管理 …………………………………………… 124

51. 什么是无抗饲养? 为什么要推行无抗饲养? ……… 124

52. 什么是"2+4"生产模式? ……………………… 125

53. 什么是"双母鸽拼对"生产模式? ………………… 127

54. 什么是"多母鸽群养"生产模式? ………………… 129

55. 什么是"鸽猪联营"生产模式? …………………… 129

56. 童鸽的饲养与管理要点有哪些? …………………… 130

57. 青年鸽的饲养与管理要点有哪些? ………………… 131

58. 配对鸽的饲养与管理要点有哪些? ………………… 133

59. 孵化期种鸽的饲养与管理要点有哪些? …………… 134

60. 育雏期种鸽的饲养与管理要点有哪些? …………… 136

61. 换羽期种鸽的饲养与管理要点有哪些？ ……………… 143

62. 非留种鸽的饲养与管理要点有哪些？ ……………… 144

63. 南方鸽舍夏季高温高湿的饲养与
    管理要点有哪些？ ……………………………… 147

64. 北方鸽舍冬季防寒保暖的饲养与
    管理要点有哪些？ ……………………………… 148

65. 应激对肉鸽养殖业生产有什么危害？ ……………… 150

66. 肉鸽饲养过程中如何进行危害分析？ ……………… 152

五、疾病与防治 ………………………………………… 158

67. 鸽为什么会发病？什么是传染病？ ……………… 158

68. 鸽病防控的策略是什么？ …………………………… 159

69. 健康鸽与患病鸽怎样肉眼辨别？ ………………… 160

70. 什么是鸽场消毒？如何合理使用消毒药？ ……… 162

71. 鸽场如何建立起严格的卫生消毒制度？ ………… 168

72. 什么是抗生素？鸽常用的抗生素有哪些？ ……… 169

73. 合理使用抗生素的准则是什么？ ………………… 170

74. 什么是疫苗？疫苗免疫方法有哪些？疫苗接种时
    有哪些注意要点？ …………………………… 171

75. 如何制订适合本鸽场的免疫程序？ ……………… 173

76. 卫生消毒、疫苗免疫、药物防治相互协同
    有什么意义？ ………………………………… 174

77. 鸽病可分为哪几大类？我国已报道的
    常见鸽病有哪些？ …………………………… 175

78. 什么是鸽新城疫？怎样诊断和防治？ …………… 176

79. 什么是鸽痘？怎样诊断和防治？ ………………… 180

80. 什么是鸽疱疹病毒病？怎样诊断和防治？ ……… 183

81. 什么是鸽腺病毒病？怎样诊断和防治？ ………… 183

82. 什么是鸽副伤寒？怎样诊断和防治？ …………… 185

83. 什么是鸽大肠杆菌病？怎样诊断和防治？ ……… 187

84. 什么是鸽慢性呼吸道病？怎样诊断和防治？ ………… 189

85. 什么是鸽曲霉菌病？怎样诊断和防治？ ………… 191

86. 什么是鸽衣原体病？怎样诊断和防治？ ………… 193

87. 什么是鸽毛滴虫病？怎样诊断和防治？ ………… 194

88. 什么是鸽羽虱病？怎样诊断和防治？ ………… 198

89. 什么是鸽维生素D缺乏症？怎样诊断和防治？ ………… 199

90. 什么是鸽嗉囊炎？怎样诊断和防治？ ………… 201

91. 什么是鸽有机磷农药中毒？怎样诊断和防治？ ………… 203

六、产品加工与营销 ………… 205

92. 我国鸽文化有怎样的历史渊源？ ………… 205

93. 肉鸽产品初加工的步骤与方法是什么？ ………… 209

94. 几种常见肉鸽产品深加工的工艺与方法有哪些？ ………… 212

95. 鸽终端产品如何进行市场开发与拓展？ ………… 216

96. 鸽业电商发展有哪些特质与趋势特点？ ………… 217

97. 什么是"互联网＋"？ ………… 218

98. "互联网＋"在鸽产品市场营销方面的应用模式
与方法是什么？ ………… 220

99. 什么是"物联网"？ ………… 221

100. 现代"物联网"在鸽场运营方面有哪些应用？ ……… 222

附录 ………… 224

附录一 鸽常用饲料营养成分 ………… 224

附录二 快速诊断鸽病简表 ………… 227

附录三 鸽推荐免疫程序 ………… 230

参考文献 ………… 231

一、现代化鸽场的建设与管理

1 我国肉鸽养殖业的发展概况是怎样的?

肉鸽素有"一鸽顶九鸡"的美誉。随着人们生活水平的提高,肉鸽已经不再是餐桌上的奢侈品。在我国农业和农村经济的发展中,肉鸽行业已从特种经济动物养殖业中脱颖而出,肉鸽产业的发展为优化畜牧产业结构、改善城乡居民膳食结构和促进农民增收做出了重要贡献。在新形势下,如何抓住机遇发展我国鸽业,是值得我们探讨的问题。

(1) 基本情况 我国港澳地区、广东、广西、福建、江苏、浙江,以及上海为传统的肉鸽养殖消费区域。近年来,山东、河南、安徽、北京等地发展较快,养殖量逐年上升。截至 2017 年年底,我国 2 000 对以上的种鸽场约有 6 000 多家,全国存栏种鸽约 4 000 万对 (表 1-1),年产乳鸽 5 亿只。部分肉种鸽转为蛋鸽生产,蛋鸽年存栏量 1 000 万对左右,年产鸽蛋 6 亿枚。

表 1-1　2017 年年底我国肉鸽存栏分布概况

省份	存栏数量（万对）	省份	存栏数量（万对）
广东	1 000	安徽	550
广西	550	山东	200
江苏	350	湖南	200
上海	100	湖北	150

（续）

省份	存栏数量（万对）	省份	存栏数量（万对）
福建	150	浙江	250
海南	150	北京	100
河南	100	河北	200
江西	150	辽宁、黑龙江、吉林	150

注：目前统计的是肉种鸽生产数量，蛋鸽养殖没有统计在列。50万对以下的省份暂时没有统计。

（2）**养殖现状** 肉鸽饲养在我国起步于 20 世纪 80 年代，30 多年来肉鸽养殖产量和产值快速增长，在一些地区已形成区域特色，成为致富一方的特色产业和农业经济的增长点。概括地讲，目前我国肉鸽养殖业呈现如下特点。

1）**科研与生产有机结合** 科学技术是第一生产力。由于消费水平的提高，肉鸽消费量与日俱增。巨大的商机促使一些养鸽场一方面加大生产规模，一方面积极借助科研院所的技术力量在品种、饲料、疫病防治等方面联合开展研究，极大地提高了肉鸽生产水平和经济效益，打破了长期制约我国肉鸽发展的技术瓶颈，形成了科研与生产的有机结合，推动了我国肉鸽业的发展。

2）**规模化、机械化、标准化程度不断提高** 我国的肉鸽养殖最初是以农户饲养为主，随着肉鸽生产的不断发展，其规模化、机械化、标准化程度不断提高。

经过多年探索，肉鸽生产的科技含量已逐步提高，从品种的改良到均衡全价饲粮的供应；从双母鸽拼对饲养到人工授精技术、人工孵化技术和保姆鸽利用技术的应用；从人工饲养到机械化饲养的转型升级，都极大地提高了肉鸽生产潜力。1 对种鸽 1 年平均产仔数由原来 5～6 对上升到 12～13 对，单个乳鸽离窝体重由原来 450～500 克上升到 600～700 克。现在采用自动化喂料机、输送带除粪系统等机械化操作，鸽场劳动强度降低 70%，1 个人就能完成 4 000 对产鸽饲养任务。

3）生产组织形式不断优化　随着肉鸽业的快速发展，肉鸽生产组织形式也在不断更新优化。我国肉鸽生产中的组织形式主要有三种：①千家万户的分散饲养；②　体化生产，集育种、饲料生产、产品销售等为一体；③公司加农户生产，即通过产业化龙头企业的牵引，采取"公司＋农户"模式，走小农户、大基地的道路，带动肉鸽产业的发展。在这三种组织形式中，第一种逐年减少，第三种逐年增加。

（3）市场现状　随着人们生活水平的不断提高，肉鸽消费也由原来的仅局限于高档宾馆、饭店而逐步进入寻常百姓的餐桌，尤其是近来的食"原生态"风味潮的推波助澜，具有多种滋补价值的肉鸽成为消费者首选的美味佳肴，市场优势凸显。

1）国内消费市场趋于成熟　一些以鸽为主打菜的酒楼近年来相继问世，如北京优帝鸽业的"硒游记"餐厅、湖南岳阳杨林鸽业的"鸽王天下"酒楼、广州"皇鸽连锁餐厅"、深圳"光明鸽场招待所"等。

目前，广东省存栏种鸽1 000万对，年产乳鸽1.8亿只，全省年消费超过1亿只，其中广州市年消费3 500万只。北京市年需求量2 000万只。上海市年需求量2 500万只。天津、沈阳、重庆、成都、西安、武汉、厦门、海口等城市年需求量300万～500万只。特别值得注意的是，近年来国内的乳鸽消费热已从大中城市辐射到县、乡，呈现出以鸽代鸡鸭的趋势。

2）国际市场需求旺盛　国内肉鸽消费市场的扩大，带动了肉鸽养殖业的进一步发展，促使国际市场不断拓宽，目前出口量达1 500万只/年。

3）产品深加工技术趋于成熟　目前国内开发的乳鸽食谱已有700多种，成鸽、鸽蛋食谱有200多种，以鸽为原料制成的药品、药酒、营养口服液30余种，乳鸽深加工食品20多种。正在开发的有乳鸽速冻小包装保鲜食品、乳鸽儿童营养配餐、乳鸽旅游观光系列食品等10多个品种。随着肉鸽产业链的延伸，市场对乳鸽的需要量越来越大。

4）产品供不应求现象在一定时间内将长期存在　随着人们生活水平的提高和消费习惯的改变，传统的家禽产品已无法满足人们的需求，作为优特产品，肉鸽需求量将突飞猛涨。肉鸽产品供不应求现象将在一定时间内长期存在。伴随着畜牧业产业结构的调整（由温饱型向小康营养型转移），养鸽致富将成为首选的短平快产业化项目。

（4）发展优势　与其他养禽业比较，饲养肉鸽具有以下四大优势。

1）肉鸽的营养价值高　肉鸽以颗粒原粮为主食，辅以部分颗粒饲料；乳鸽全程都是亲鸽哺育，吃鸽乳长大，因此鸽肉是纯天然的绿色食品。乳鸽不仅味道鲜美，而且营养价值极高，详见问题92鸽营养价值部分。

2）生长速度在禽类中最快　以王鸽为例，美国王鸽出壳时体重为16～22克，1周龄147克，2周龄378克，3周龄446克，4周龄550克。杂交王鸽出壳平均体重19克，1周龄152克，2周龄363克，3周龄500克，4周龄600克。肉鸽长到2周龄时，体重是出壳时的19倍，而生长比较快的肉用仔鸡，生长到3周龄时体重仅是出壳时的12倍，出壳3周龄的乳鸽可作为优质肉食上市，在所有禽类中生长周期是最短的。

3）肉鸽养殖环保、低碳，收益大　肉鸽养殖是一项在畜禽养殖中较环保的养殖业。①鸽排出的粪便较干燥、无臭，经过堆肥处理后可作为有机肥料。②种鸽利用率高，种鸽正常生产可利用5～6年，高产种鸽利用可达7年以上；肉鸽抗病能力强，耐寒耐热，一年四季均可产出与上市。③肉鸽养殖抗风险能力强，收益高，通常饲养1对种鸽能获纯利50～100元/年。

4）肉鸽养殖是我国家禽养殖业供给侧改革发展的需要　我国是畜牧业生产大国，家禽是我国畜牧业中发展最快的产业，鸡肉产量世界第二，鸡蛋产量世界第一。然而普通肉鸡（蛋鸡）经过多年的快速发展，在我国已经趋于饱和，产量的扩大并不能带来利润的增加。而鸽等优特禽产品的利润一直居高不下。传统家禽产业也需顺应我国"供给侧改革"的需要，转向生产我国特有的鸽、鹌鹑等特色家禽。事实是，我国最大的肉鸡企业"广东温氏"已从2014年开始介入肉鸽养殖，并且每年以10万对的规模增长，2017年年底已存栏50万对；也有不少曾经从事白羽肉鸡、蛋鸡养殖的企业开始转向饲养鸽。更多家禽养殖企业的加入，使肉鸽养殖业快速繁荣起来。

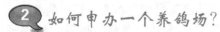 **如何申办一个养鸽场？**

(1) 市场调研

1) 市场调查　市场调查是用科学的方法，对一定范围内的养鸽数量、市场环境、自然地理环境、社会环境、市场供给、市场需求、市场价格、饲料资源等信息进行有目的、有计划、有步骤的搜集、记录、整理与分析，为经营管理部门制定政策及进行科学的经营决策提供依据。调查方法有询问调查法、资料分析法、典型调查法。

2) 经营方向　养鸽场的经营方向决策除依据正确的市场调查与市场预测之外，还受到许多因素的制约，如主管人员的管理水平、技术人员的技术水平、资金状况、地理位置及产品销售渠道等。

(2) 办场程序　核心人员的选择、鸽场定位、场址选择、可行性报告撰写、专家论证、环境评估、鸽场建设、申领证照、引种经营等。

③ 鸽场建设项目如何进行投资概算、预算和估算？

(1) 养鸽的成本分析　生产成本是衡量生产活动最重要的经济尺度。鸽场的生产成本可反映生产设备的利用程度、劳动组织的合理性、饲养技术状况、鸽种生产性能潜力的发挥程度，并可反映养鸽场的经营管理水平。鸽场的总成本主要包括以下几部分。

1) 固定成本　养鸽场的固定成本，包括各类鸽舍及饲养设备、饲料仓库、运输工具及生活设施等。固定资产的特点是使用年限长，以完整的实物形态参加多次生产过程，并可以保持其固有的物质形态，只是随着自身的损耗，其价值逐渐转移到鸽产品中，以折旧的方式支付。这部分费用和土地租金、基建贷款、管理费用等组成鸽场的固定成本。

2）可变成本　用于原材料、消耗材料与工人工资等的支出，随产量的变动而变动，因此，也称之为可变资本。其特点是参加一次生产过程就被消耗掉，如饲料、兽药、燃料、垫料、种鸽等成本。

3）常见的成本项目

①引种成本：指购买种鸽的费用。

②饲料费：指饲养过程中消耗的饲料费用，运杂费也列入饲料费中。这是鸽场成本核算最主要的一项成本费用，可占总成本的65%～70%。

③工资福利费：指直接从事养鸽生产的饲养员、管理员的工资、奖金和福利费等费用。

④固定资产折旧费：指鸽舍等固定资产基本折旧费。建筑物使用年限较长，15年左右折清；专用机械设备使用年限较短，7～10年折清。固定资产折旧分为两种，为固定资产的更新而增加的折旧，称为基本折旧；为大修理而提取的折旧费称为大修折旧。计算方法如下。

每年基本折旧费＝(固定资产原值－残值＋清理费用)/使用年限

每年大修理折旧费＝(使用年限内大修理次数×每次大修理费用)/使用年限

⑤燃料及动力费：指用于养鸽生产、饲养过程中所消耗的燃料费、动力费、水费与电费等。

⑥防疫及药品费：指用于鸽群预防、治疗等直接消耗的疫(菌)苗、药品费。

⑦管理费：指场长、技术人员的工资及其他管理费用。

⑧固定资产维修费：指固定资产的一切修理费。

⑨其他费用：不能直接列入上述各项费用的列入其他费用内。

（2）养鸽的利润分析　经济核算的最终目的是盈利核算，盈利核算就是从产品价值中扣除成本以后的剩余部分。盈利是鸽场经营情况的一项重要经济指标，只有获得利润才能生存和发展。盈利核算可从利润额和利润率两个方面衡量。

1）利润额　指鸽场利润的绝对数量。其计算公式如下：

利润额＝销售收入－生产成本－销售费用－税金

因各饲养场规模不同，所以，不能只看利润的高低，而要对利润率进行比较，从而评价养鸽场的经济效益。

2）利润率　是将利润与成本、产值、资金对比，从不同的角度相对说明利润的高低。

资金利润率＝（年利润总额/年平均占用资金总额）×100％

产值利润率＝（年利润总额/年产值总额）×100％

成本利润率＝（年利润总额/年成本总额）×100％

农户养鸽一般不计生产人员的工资、资金和折旧，除本即利，即当年总收入减去直接费用后剩下的便是利润，实际上这是不完全的成本、盈利核算。

真正要养好鸽，并要取得理想的经济效益，并不是人人都能办得到的，其关键问题就是看养殖者是否掌握了必需的饲养技能，如品种良种化、营养标准化、管理精细化、工艺自动化等。养鸽企业只有实施"科技兴企"的战略，培养和造就一支素质全面、技术过硬的团队，才能生产出高品质的鸽产品，才能在市场竞争中永远立于不败之地。

4　鸽场场址如何选择？

场址选择应遵循绿色、环保、生态、可持续发展和便于防疫的原则，综合上讲就是从地形、土质、交通、电力及周围环境的配置关系等多方面考虑。

（1）远离居民点、学校500米以上，远离种畜禽场所1 000米以上，远离集贸市场和交通干线500米以上，且应远离大型湖泊和候鸟迁徙路线。

（2）符合用地规划、畜牧法规定区域。

畜牧法第四十条：禁止在下列区域内建设畜禽养殖场、养殖小区。①生活饮用水的水源保护区，风景名胜区，以及自然保护区的核心区和缓冲区。②城镇居民区、文化教育科学研究区等人口集中区域（文教科研区、医疗区、商业区、工业区、游览区等人口集中区）。③法律、法规规定的其他禁养区域（《畜禽养殖业污染防治技术规范》中规定："新建、改建、扩建的畜禽养殖场选址应避开规定的禁建区域，在禁建区域附近建设的，应设在规定的禁建区域常年主导风向的下风向或侧风向处，场界域与禁建区域界的最小距离不得小于500米"。）。

（3）地势干燥。鸽场一般选在地势较高的区域，其地下水位低，地面干燥，易于排水。否则就应当采取垫高地基和在鸽舍周围开挖排水沟的办法来解决。

（4）通风良好。由于多数鸽舍采用自然通风，而当地主导风向对鸽舍的通风效果有明显的影响，因此通常鸽舍的建筑应处于上风口位置，排列顺序依次为育雏舍、育成鸽舍，最后才是成年鸽舍，以避免成年鸽对雏鸽的可能感染。

5 鸽场如何分区规划及布局？

（1）有利于生产　鸽场的总体布局首先要满足生产工艺流程的要求，按照生产过程的顺序和连续性来规划和布局建筑物，以便于管理，有利于达到生产目的（图1-1）。

（2）有利于防疫

1）分区明确　鸽场可分成管理区、生产区和隔离区。管理区是全场人员往来与物资交流最频繁的区域，一般布置在全场的上风向。饲养区是卫生防疫控制最严格的区域，与管理区之间要设消毒门廊。隔离区布置在生产区的下风向和地势较低处。各区之间应有围墙或绿化带隔离，并留有50米以上距离。

2）鸽舍排列顺序　根据生产工艺流程及防疫要求排列。

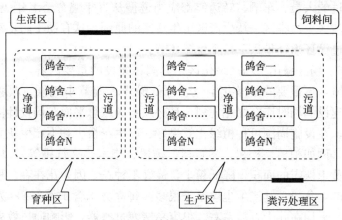

图 1-1　鸽场布局示意图

3）鸽舍朝向的选择　鸽舍朝向与鸽舍采光、保温、通风等环境效果有关，关系到对太阳光、热和主导风向的利用。从主导风向考虑，结合冷风渗透情况，鸽舍的朝向应取与常年主导风向成 45°角，如从鸽舍通风效果考虑取 30°～45°角；从场区排污效果考虑，鸽舍的朝向应取与常年主导风向 30°～60°角。因此，鸽舍的朝向一般与主导风向成 30°～45°角，即可满足上述要求。

4）鸽舍的间距　鸽舍的间距应满足防疫、排污和日照的要求。按排污要求，间距为 2 倍鸽舍檐高；按日照要求，间距为 1.5～2 倍鸽舍檐高；按防疫要求，间距为 3～5 倍鸽舍檐高。因此，鸽舍间距一般取 3～5 倍鸽舍檐高，即可满足上述要求。表 1-2 为鸽舍间距的参考值。

表 1-2　鸽舍间距（米）

种　　类	同类鸽舍	不同类鸽舍
育成舍	15～20	30～40
商品肉鸽场	12～15	20～25

5）场内道路　从鸽场防疫角度考虑，设计上需将清洁过道与污染过道分开，以避免交叉污染，只能单向运输，从这条运输系统

上经过的人员、车辆、转运鸽都应当遵循从青年鸽舍至老年鸽舍、从清洁区至污染区、从生产区至生活区的原则，这有助于防止污染源通过循环途径带入下一个生产环节。

6）场区绿化　场区绿化区是养鸽场建设的重要内容，不仅美化环境，更重要的是净化空气、降低噪声、调节小气候、改善生态。建设鸽场时应有绿化规划，且必须与场区总平面布局设计同时进行，在设施周围可种植绿化效果好、产生花粉少和不产生花絮的树种（例如柏树、松树、冬青树、杨树、楤木、夹竹桃等），尽量减少黄土裸露的面积，降低粉尘，最好不种花，因为花在春、秋季节易产生花粉，其产生尘埃粒子很多，每立方米含1万～100万个颗粒，平均在几十万粒左右，很容易堵塞过滤器，影响通风效果。

7）场区的消毒设施　进入鸽场的人员和车辆必须经过场区门口消毒池消毒。场外的物品进入生产区必须经过熏蒸箱熏蒸消毒。饲养员在进入鸽舍前必须先将工作靴刷洗干净，并在消毒盆消毒后才能进入鸽舍（详见问题70）。

8）鸽场的淋浴更衣系统　鸽场需设有淋浴更衣设施。淋浴更衣设施包括污染更衣室、淋浴室和清洁更衣室，要求进入鸽舍的人员在污染更衣室换下自己的衣服，在淋浴室洗澡后，进入清洁更衣室换上干净的工作服才能进入鸽舍。淋浴更衣措施可减少外源病原体被带入生产区，以免造成鸽群感染。

9）鸽场的围护设施　鸽场的围护设施主要是防止人员、物品、车辆和动物等偷入或误入场区。为了引起人们的注意，一般要在鸽场大门树立明显标志，标明"防疫重地，谢绝参观"；场区设有值班室，设立专门供场内外运输或物品中转的场地，便于隔离和消毒。

10）无害化处理设施　为防止鸽场废弃物对外界的污染，鸽场要有无害化处理设施，如焚烧炉、化粪池、堆粪场等。

6 鸽舍建设参数和要求有哪些？

我国是一个幅员辽阔的国家，如何结合当地气候条件，设计出在炎热的夏季、寒冷的冬季节能、造价相对合理的鸽舍是养好鸽的首要条件。

在长期的鸽饲养过程中，不管是肉鸽还是蛋鸽，通常是凶两关在一个小笼中。但鸽是飞翔动物，关在小笼中的鸽也会经常扇动翅膀、在栖架上上下跳跃。加之乳鸽在发育过程中不断换乳毛长羽毛，亲鸽也随不同季节经常换羽，所以鸽舍内粉尘和羽屑较其他养殖业大，因此在鸽舍建设中，保证良好的通风是关键。如我国广东、广西两地，每年 1 月份平均气温在 6～16℃，7 月份平均气温在 25～29℃，冬季低于 10℃气温的时间最多不超过 30 天。在海南省，1、2 月份的平均气温均在 16～21℃。因此，这三个地区建立鸽舍不用考虑冬季保温问题，基本以棚式为主、前后加编织帘（图1-2、图 1-3）。这种鸽舍一般建议长 40～50 米，宽 5～6 米。如过宽，会影响夏季通风散热。但这三个地区及浙江、福建省夏季多有台风经过，所以其鸽舍建设还需考虑基本能抗 12 级台风。

图 1-2　广东某棚式鸽舍全景　　　图 1-3　广东某鸽场鸽舍局部

我国华北南部至广东、广西以北地区的气候有一共同点，即夏季炎热、冬季寒冷，如这两个季节能养好鸽，其他季节也就相对容易了。这些地区建造鸽舍要注意几个问题：①不能把广东、广西地区的薄顶棚架饲养模式照搬到其他地区，要因地制宜，保证鸽舍冬暖夏凉。②鸽舍建筑建议长 50～70 米，宽 8～12 米，檐高2.8～3.2 米。过长/过宽的鸽舍会影响通风效果。③鸽舍要有通风设备，这是保证乳鸽正常生长、种鸽健康、减少呼吸道疾病、少用药的必要措施。④保暖，这些地区冬季鸽舍需要加温才能保证产量，但如何供暖，详见问题12。

目前在华北南部至广东、广西以北地区的鸽舍，主要有以下几种：①钢支架房顶，上铺带泡沫板夹心的彩钢板（有的在彩钢板中加几块透明板），纵向两边砌不高的砖墙，墙与房顶边缘用可调节开口大小的编织布连接。这种鸽舍解决了鸽舍夏季通风问题，冬季可利用透明板用阳光给鸽舍加温（图1-4）。②利用蔬菜大棚的原理，其舍内钢架较一般蔬菜大棚略高，钢架上铺一层质量较好的隔温、隔热、防雨的厚布，两边的厚布可用手动卷帘机卷起1米多高，夏季纵向保温棉离地面约1米高不动，既可挡住阳光对鸽舍的辐射，也可解决通风问题（图1-5）。③与第二种原理相同，只是顶棚棉被在冬季可用一电动卷帘机卷起，在有阳光的日子，充分利用阳光辐射的热能，冬季白天这种鸽舍，舍内温度可达15～20℃（图1-6）。上述三种鸽舍，顶棚6～7米，必须安装直径60厘米左右无动力排风，否则冬季每天清晨鸽舍内的潮气会像下雨一样。在黄河以北地区，晚上必须供暖，在其他地区冬季晚上或极端天气是否需要供暖视舍内温度而定。

图1-4　彩钢板加透明板鸽舍

由于肉鸽养殖业粉尘较大，空气不好会引起多种疾病，为了减少疾病发生，不少地区养鸽户建造了标准化鸽舍，并把3层重叠鸽笼改为2层、1 000米²的鸽舍，仅养2 800对鸽，每平方米的饲养量仅2.8对，这种以减少饲养密度求得健康养殖的理念值得在现代养殖业中推广（图1-7）。

图1-5　大棚式鸽舍

图1-6　冬季利用阳光的鸽舍
（夜间热风管道加温）

图1-7　低密度饲养鸽舍

 鸽舍笼具设备如何选择与应用？

　　（1）层叠式鸽笼　传统层叠式鸽笼（图1-8）每个单笼长50厘米、宽50厘米、高45厘米，承粪板层为5厘米高（一般承粪盘高2厘米），6个单笼一组，可分3层或4层（顶层要垫高操作），最低层距地40厘米。在鸽舍内的布局多为双列式或三列式，这种布局有利于最大限度地利用鸽舍空间。

现代化履带清粪层叠式鸽笼（图1-9），一般依据鸽舍规格要求在借鉴传统层叠式鸽笼基础上设计而成。优点：机械化程度高，生产效率高；缺点：成本相对较高。

图1-8　传统层叠式鸽笼　　　图1-9　履带清粪层叠式鸽笼

（2）阶梯式鸽笼　见图1-10、图1-11。每个单笼长50厘米、宽50厘米、高45厘米，6～8个单笼1组，分3层或4层，每层笼重叠10厘米，顶层笼两边连合，笼最高层为1.8米，底层笼离地40厘米，便于单人操作，每个单笼内设产蛋窝1只。

图1-10　阶梯式鸽笼　　　　　图1-11　产蛋窝

阶梯式鸽笼有利于人工操作（图1-12）。材料多为金属钢丝浸塑，这样可以延长鸽笼的使用寿命，且不会对鸽造成损伤。网格距通常为3～4厘米。

新建鸽场采用什么样的鸽笼，要根据自己经济能力、场地大小、人工成本而定，不要因循守旧或过分冒进。

图1-12　机械化喂料

8 鸽舍喂料设备如何选择与应用？

现代养鸽业中，肉鸽饲喂设备分为以下三大类。

（1）传统食槽（砂杯）　一般1对鸽1个食槽和1个砂杯（图1-13、图1-14），由人工给料，不带乳鸽的种鸽每天饲喂2次，早晚各1次；哺喂乳鸽的种鸽除早晚饲喂外，中午和下午分别再增加饲喂1次，1天饲喂4次，由饲养员观察鸽是否吃饱。这种饲喂方法，鸽的饲养效果全部依赖人，新办养鸽场的人很难准确掌握，且饲料浪费大。

图1-13　食　槽

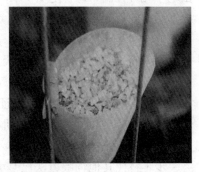

图1-14　保健砂杯

（2）塑料贮料式料斗　也叫懒汉料槽（图1-15）。饲养员4～6天添加一次饲料，鸽自由采食，对于新手来说很容易掌握。由于是 24 小时敞开供应饲料，种鸽表现比较悠闲，所以乳鸽在前期（尤其在 10 日龄以前）每天处在哺喂得很饱的状态。带乳鸽的种鸽，每 3～4 天必须把食槽底部的插板拔开，清除底部的杂质。不带乳鸽的种鸽因采食量少，每周清理 1 次即可。此种设备由于一次性喂料过多，湿度较大地区饲料容易霉变，所以应慎重选用。

图 1-15　塑料贮料式料斗

　　（3）机器行走式自动饲喂设备　行走式喂料机一般长 1.5 米，由电子元件控制，每行走 1.5 米，停留 30～60 秒，让鸽吃食，然后再继续向前行走 1.5 米，喂料机走到头后，自动往回返（图 1-16）。每天分 3～4 个时间段开机喂食，其他时间停机。饲养员每天只要加 1 次料，机器开机时间为每天 6：30—9：30、11：00—13：00、15：00—17：00、19：00—21：00，机器行走总时间为 9 小时。并在机器的二层和三层加灯泡，保证鸽充足采食。同时，考虑到机器饲喂往返所需时间，建议采用机器饲喂的鸽场其鸽舍长度控制在 70 米以内。随着人工劳动力成本不断上涨，机器行走式自动饲喂最终一步步替代其他饲喂方法已是大势所趋。经过近几年的发展，机器行走式自动饲喂机在最初的双地轨式基础上，又出现了顶轨式（图1-17）、天车式（图 1-18）。随着蛋鸽业的快速发展，考虑到蛋鸽前面有滚蛋网，不方便机器行走，现又出现了背式行走式饲喂机

（图 1-19）；还有结合三层梯形笼的特点，设计了用于三层梯形笼的自动饲喂机等，这些发明创造为我国的鸽业发展做出了巨大贡献。

图 1-16　地轨式喂料机

图 1-17　顶轨式喂料机

图 1-18　天车式喂料机

图 1-19　背式行走式喂料机

9　鸽舍饮水设备如何选择与应用？

　　我国肉鸽饲养发展已有 30 多年，肉鸽饮水方式也从原始的水槽发展到现在的自动饮水杯系统和乳头式饮水器。

　　（1）自动饮水杯　自动饮水杯系统主要由以下五部分组成：压力水源、高架自控水箱、重力自控水杯、连接胶管（直径小于 10 毫米）、控制水的开关（重力自控水杯进水处有一弹簧，根据水杯里有无水产生的自身重力和弹簧作用控制水的开关）。重力自控水杯分为上进水和左右进水 2 种，2 对鸽使用 1 个水杯。上进水一般在笼顶拉一根 10 毫米粗的胶管，在放碗隔段处连上一个变径 T 形接头，用小于 10 毫米的细管和 Y 形接头把 3 层水碗连接上

（图1-20）。左右进水水杯是在笼的一头有一直立的25毫米直径的PVC-U水管与水箱连接，在每层笼安装水碗处安装20～25毫米变径PVC-U三通（最下层安装变径弯头），然后在三通接口处安装一个外径为10毫米的宝塔接头，接头处连上10毫米胶管，胶管再与水杯一个个连接（图1-21）。上进水的水杯由于分支水管细，在长期使用后，比左右进水的易堵塞，而左右进水的如在前面安装塑料贮料食槽，则要受到一定影响。但不管如何，自动饮水杯系统在一定程度上减轻了水槽人工加水的劳动强度，是肉鸽饮水技术的一大进步，现绝大部分养鸽场都在用这种饮水设备。但这种饮水设备仍然存在以下致命缺陷：①养殖工人每天必须清洗1次饮水杯，据笔者团队实地测定，以最快速度清洗，每清洗100个饮水杯需耗时8分钟，以每个饲养员管理1 500对亲鸽计算，每天要消耗1小时多来完成此项工作。②在清洗时所有水杯使用同一抹布或海绵，实际清洗过程还会造成疾病传播等问题。如果不及时清洗，水垢和灰尘长期聚集，水杯卫生状况将受到影响。③连接水杯的管道一般是12厘米以下的水管，在长期喂药和水垢相互作用下，管道经常发

图1-20　上进水自重水杯

图1-21　左右进水自重水杯

生堵塞。④水杯外置，2对亲鸽共用1只水杯，乳鸽生长后期饮水量多时，不能得到及时补充。⑤高架水箱造成水箱清洗不便，难以及时彻底清洁。

（2）乳头式饮水器　乳头饮水方式洁净卫生、省时省力，是规模养殖业饮水设备的发展方向，已在猪、鸡、鸭、牛、兔等规模饲养业中广泛应用。

目前，市场上流行的鸽用乳头式饮水器有两种：第一种乳头式饮水器（图1-22a），水浪费量大，有一半的水在鸽喝的时候流到了溢水管。第二种乳头式饮水器（图1-22b），水的浪费率为0.9％，上层是挡粪板，中层是筛碗，鸽没喝完的水通过筛碗把料渣留在筛碗上，下层是双套碗，水到一定高度时会从外套碗溢水管流出，中、下层水碗很容易取出，可定期在外清洗消毒，但第二种接水碗造价要高一些。

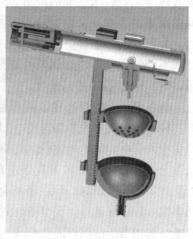

a

b

图1-22　鸽乳头式饮水器

乳头式饮水器在安装时，要注意几点：①不管用哪种乳头式饮水器，乳头一定要安装在笼内，乳头离底网的高度为17～20厘米，以保证乳鸽后期能喝到水。②进水管和溢水管最好都用25

毫米直径的 PVC-U 水管，这样可避免长期用药水管易堵现象。③如选用鸡的乳头式饮水器，一定要选择粗钉的，直径在 4 毫米以上最好。

10 鸽舍光照设备如何选择与应用？

鸽舍的光照分为自然光照和人工光照。自然光照指的是阳光；人工光照指的是用灯光照明，为鸽提供一定时间和强度的光照。

自然光照节省电力，但有明显的季节性，如秋冬季日照时间短，对鸽产蛋有抑制作用。另外，自然光照的强度不能控制，过强的光照易引起鸽烦躁不宁、产生啄癖；人工光照强度、时间都可控制，但耗费电能。我国的养鸽舍基本都是开放式或半开放式的，所以在光照上均采用自然光照加人工补光的模式。

安装灯泡的高度一般掌握在 2.1～2.4 米，灯泡在舍内分布的大致规定是：灯泡之间的距离必须是灯泡高度的 1.5 倍，即灯泡之间的距离为 3 米；舍内如安装 2 排以上的灯泡，各排灯泡需交叉排列。光照时间一般种鸽舍掌握在 16～17 小时/天。秋冬季自然光照时间不够时，在早晚时间要补充光照。夏季一般仅晚上补充光照即可，青年鸽舍不要补充光照。

现在市场上的灯泡除了最原始的白炽灯外，还有节能灯、LED灯。种鸽舍人工补光，节能灯、LED 灯均可使用，这两种灯泡虽价格贵些，但电能的消耗比白炽灯节约 80％以上。一般来讲，鸽舍人工补光强度应掌握在 40 勒克斯左右，而要达到这个强度需每平方米面积有 2.7 瓦白炽灯。但一个鸽舍要安装多少灯泡，要以白炽灯的功率数（瓦）来计算。买节能灯或 LED 灯时，要注意灯泡盒上标注的本灯泡相当于白炽灯的功率（瓦），从而来计算选择购买节能灯或LED 灯的功率（瓦）。

（1）白炽灯　是鸽舍最常用的光照设备（图 1-23），优点是价格低廉，前期投入成本低。

（2）发光二极管(LED灯)和紧凑型荧光灯泡（CFL 灯）　LED灯（图 1-24）和 CFL 灯（图 1-25）的前期成本虽然显著高于白炽

灯，但其流明功率比较高，预期使用寿命也远长于白炽灯泡，使用效率更高，且这些灯泡可以根据用途选择任意形状和规格。

（3）高压钠灯　多用于开放式鸽舍（图1-26），流明功率比最高，但因造价太贵并未得到广泛推广。

图 1-23　白炽灯

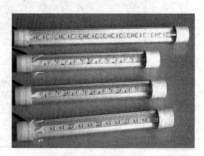

图 1-24　LED灯

图 1-25　CFL灯

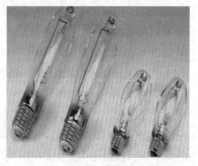

图 1-26　高压钠灯

11 鸽舍通风设备如何选择与应用？

　　我国鸽舍以开放式为主，只要鸽舍宽度不是过宽，在春、夏、秋三季用自然通风都没问题。如鸽舍门窗关闭方便，有条件的鸽场，可安装纵向通风加水帘设备（图1-27），这样在炎热的6—8月能保证鸽舍的温度为28～30℃，从而使种鸽生产水平与春、秋季持平。

　　纵观我国肉鸽养殖业，由于通风不好出问题的通常是在每年的12月至翌年2月，尤其在华北以南至广东、广西以北地区。在这

图 1-27　纵向通风加水帘设备

些地区，人们没有冬季取暖的习惯，所以鸽舍也没有加温设备，为了保温，门窗关闭较严，通风不好外加环境温度低，如新城疫免疫再不到位，种鸽呼吸道疾病会此起彼伏，乳鸽因感染沙门氏菌而致的死亡率也很高。每年这 3 个月，往往是乳鸽价格最高的月份，但却有很大一部分鸽场因病而挣不到钱。所以在上述地区的鸽舍必须考虑在鸽舍顶部安装无动力通风设备（图 1-28）或在鸽舍两端安装风机定时通风（图 1-29），同时根据气温鸽舍要有加温设备，以解决鸽舍通风与保暖问题。

图 1-28　无动力通风设备

图 1-29　风　机

12 鸽舍温控设备如何选择与应用？

在夏季，有条件的鸽场可安装纵向通风加水帘设备将鸽舍温度控制在 28～30℃。但在冬季，如果鸽舍的温度低于 10℃，乳鸽的成活率会大幅降低，所以在长江以北，尤其是黄河以北地区，冬季鸽舍选择节能、廉价、效果好的温控设备尤为重要。冬季温控设备主要是热风炉（图 1-30、图 1-31）、用热水锅炉和循环泵带动的地暖或暖气设备、砖砌土炉加水泥烟窗或暖墙。根据我国华北地区以南至广东、广西以北的气候资料来看，此地区的肉鸽养殖户采用砖砌土炉加水泥烟窗作为冬季鸽舍温控设备比较经济实用，这种炉子不仅造价低，而且可在烟窗口加一小抽风机，可依据气候条件采取生火还是灭火，非常方便。

图 1-30　热风炉

图 1-31　自动控温器

13 鸽舍清粪设备如何选择与应用？

（1）传统的人工清粪板（图 1-32）　成本低，但操作耗时长，易污染。

（2）粪槽式自动刮粪机（图 1-33）　机械化程度高，可以在清粪时喷洒消毒。缺点是粪便不易干燥、难处理，清粪时粉尘大。

（3）履带式清粪机（图 1-34、图 1-35）　操作方便，缺点是成本高，但作为现代化养鸽场，这是今后发展的趋势。

图 1-32　人工清粪板

图 1-33　梯形鸽笼下的自动刮粪机

图 1-34　半自动单层履带式电动清粪机　　图 1-35　循环式粪带式自动清粪机

14 如何培训和任用鸽场饲养人员？

饲养员是鸽场的主体，饲养效果与饲养人员的基本素质、技术水平和敬业精神有直接关系。对于一个新建鸽场而言，做好饲养员的选择、培训和管理工作至关重要。

(1) 饲养员的选择　选择好饲养员是基础。通过一定程序的招聘，将有培养价值的人员录用为饲养员，包括面试、笔试和实际动手能力测试。养鸽是一项比较脏、累和消耗时间的工作，应将饲养人员的吃苦耐劳、坚韧不拔、刻苦钻研和敬业精神放在首位。最好具有初中以上文化程度，以便较快地接受新技术和新知识。对于新鸽场，最好录用一些有养鸽经验的饲养员。由于鸽场防疫的严格要求，聘用外地饲养员更为合适，以减少家中或当地家禽疫病的交叉感染。

(2) 饲养员的培训　包括理论知识培训、操作技能培训和敬业精神培训等。养鸽理论培训，可使饲养员对科学养鸽有初步的认识；操作技能培训，可使饲养员掌握一般的饲养管理操作技术；敬业精神培训，可使饲养员树立以场为家、以养鸽为业的思想。

(3) 饲养员的管理　通常要注意以下几点：①以老带新制，使之尽快进入角色；②实行目标管理，定任务，定指标，分工明确，赏罚严明；③定期考核，及时发现和纠正问题。

饲养员的思想工作非常重要。调动饲养员的积极性是鸽场场长的重要任务之一，应以表扬和鼓励为主。制订目标应切合实际，让饲养员努力实现，再努力可以超额完成。如果努力后还不达标，将极大影响饲养员的积极性和创造性。

15 鸽场核心人员需要具备哪些素养？如何构建
鸽场核心人员？

鸽场核心人员是鸽场规模化有序生产最有效的"底牌"。核心人员决定着鸽场发展所需资源的配置权力，决定着鸽场的发展方向，是鸽场发展目标确认者、计划制订者、工作指导者。鸽场管理者的水平、素质决定了现代化规模化鸽场发展的速度。

（1）鸽场核心人员应具备的素质

1）基本素质良好　鸽场管理人员必须具备正确的人生观和价值观，有高尚的道德情操和良好的职业修养。人生观和价值观的重要性体现在管理者对关系到大是大非问题的重大抉择取舍上，所作所为符合社会的道德规范和职业规范是对一个企业管理者的最基本要求。

2）专业技能扎实　扎实的专业基础知识、完善的专业知识结构也是一个企业管理者必不可少的素质之一。鸽场管理人员应对鸽场的选种选育、饲料营养与加工、疾病防控与免疫程序，以及鸽舍设备与装置等各个方面都有所了解，只有这样才能很好地做出决策并协调管理。

3）工作积极热情　优秀的鸽场管理者一定会对企业管理给予极大的专注和热情。只有具有这种精神和态度，才能把自己的精力放在其中，最大限度地发挥其潜力，贡献自己的聪明才智。同时，一个热情洋溢的管理者，能够以自身百倍的状态激励他人，鼓励团队士气，保持高昂斗志。

4）决策执行能力强　优秀的鸽场管理者能从复杂的环境和纷繁的信息中明确做出判断，当机立断，迅速有效决策，解决问题迅速有力，工作效率高；能保质保量完成工作任务，并准时完成；工作中能主动承担责任，不推责；工作中能克服阻力，直指目标，工作结果常常超出预期。

5）善于建立良好的人际关系　优秀的管理人员要与鸽场各个工作岗位的工作人员建立良好的人际关系。鸽场不同于普通的企业，员工除了一些专业的技术人员外，很多都是鸽场附近招的一些文化水平偏低的饲养员，这就要求管理人员具备擅长与人沟通的能力，熟练掌握沟通的语言和技巧。

（2）鸽场核心人员的构建

1）肉鸽企业核心人才的定位　企业核心人才是指能够胜任企业关键岗位人才的总称。企业的核心人才可以分成两类：①具有专业技术诀窍的核心人才，即技术类核心人才。这类人才主要负责企业的关键技术的研发和生产管理工作。②具有经营决策能力的企业家或具有高超管理知识技能的人才，即管理类核心人才。这类人才主要负责企业的经营决策和职能管理工作。

2）肉鸽企业核心人才的培养　企业要培养核心人才，必须建立核心人才培育机制，使人才成为企业核心竞争力最重要的手段。核心人才队伍培养不是一朝一夕之事，是一个长期、系统的工程，需要一套完善的机制来保证。核心人才队伍培养要注意以下四个要素。

①多元培育：核心人才是企业的骨干力量，必须注重才华的专业性和能力综合性兼具。因此，多元化培育方式能提高核心人才的综合能力。在国内，高等院校、科研院所、企业都是多元培育核心人才的主体。多元培育的方式有内部导师制、内部岗位轮换、内部技能比武，以及送出去的方式，如出国深造、高校进修、短期封闭训练等。

②完善计划：根据企业经营所需，对核心人才的培养要建立详细的培育计划。列明培养的重点、方向、内容、对象、培养方式、激励方式、效果评估，确保核心人才的培养有章可循。

③资源投入：企业核心人才队伍建设培养是企业投资回报率最高的项目，需要企业持续投入。因此，有必要建立相关制度保障机制，确保资源投入持续性。

④体系保障：要使企业核心人才能力不断提升，人才队伍保持梯级发展，必须建立培养体系。要建立核心人才评价机制、培养机制、激励机制、使用机制四大机制，使企业内部形成核心人才你追我赶、百花齐放、互帮互学互励的良好正向局面。

3）肉鸽企业核心人才的管理　核心人才的无可替代性，也造就了他们的稀缺性，因此在任何公司，领导者都喜欢这些业绩超群的核心人才。可惜这些核心人才往往也是一个公司最难管理的一部分，他们身上也会有这样或那样的问题，比如不合群、难以与同事建立良好的合作关系；颇具优越感，对上司指令并不能很好地听从等。

借鉴很多知名企业的管理经验发现，保持核心人才的稳定，最主要的是自己培养人才，而且自己培养的人才也不容易被轻易挖走。因此，企业管理者应该为核心人才设计并提供全面科学、有吸引力的职业生涯设计方案，并进行科学合理的培养。

16 如何提高鸽场的经济效益？

鸽场总成本的控制主要取决于人与管理方法。每一个具体的、细小的步骤都可能会给总成本造成很大的影响，伸缩性极大。

（1）鸽场的财务管理　财务管理的基本任务是做好各项财务收支的计划，控制、核算、分析和审核工作，建立并完善集团财务管理的会计核算体系，及时、准确、全面、真实地反映集团的财务状况和经营成果。

在鸽场的财务管理中，成本核算是财务活动的基础和核心（图1-36）。

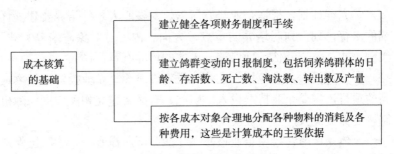

图1-36　鸽场成本核算

（2）鸽场的精细化管理策略

1）加强管理，降低饲养成本，依靠科技进步，提高生产水平

加强对鸽场环境的改造，从鸽场布局、排污、环境控制等方面入手，实行青年鸽、生产鸽、育种鸽、办公分区管理，彻底解决人鸽混居的问题；配套乳头式饮水器，解决鸽的饮水卫生问题；解决炎热夏季的纵向通风、湿帘降温等技术难题；充分发挥良种鸽的生产潜力等。

2）使用电脑计算饲料配方　根据鸽的不同阶段营养需要、原料的价格变化等，使用电脑随时调整饲料配方，不仅价格较低，而且营养平衡，饲料转化率高。

充分利用可消化氨基酸配合饲料的理论，选用各种质优价廉的动植物蛋白原料代替部分价格昂贵的鱼粉、豆粕，降低饲料成本。

3）正确使用添加剂　饲料中还可适量添加复合酶制剂、香味剂、抗热应激添加剂等，能显著提高饲料转化率。

4）把握行业的发展规律，合理组织生产　养鸽生产有其自身的市场波动规律，鸽场的管理与决策人员要有较强的市场意识和准确把握信息的本领。一般行情好时，尽量卖鸽卖蛋；行情低谷时，加强精细化管理，及时淘汰低产鸽，缩减种群存栏数，同时选留高产鸽后代，以备来年发展。

5）适度规模，提高设施利用率　在生产管理上要有周密的鸽群周转计划，除了必须要清洗消毒空闲鸽舍外，尽可能提高鸽舍利用率，不要因暂时亏损而轻易停止周转。特别要注意的是，在计算鸽群的盈亏临界线时，若无新鸽群补充，可以暂不计算产品的固定成本，而是以可变成本为主，维持饲养人员工资、水电支出。

（3）降低生产成本的具体措施　要提高肉鸽养殖的经济效益，就必须从品种选择到饲养管理多方面采取措施。

1）选择优良品种，重视种鸽的选育　引进优良肉鸽品种是成功办好肉鸽养殖场的关键，也是养殖场降低生产成本、获取最大利益的先决条件。优良肉鸽品种具有遗传性稳定、繁殖力强、生长速度快、饲料报酬高等特性。

选种是保持和改良肉鸽优良品种的重要手段。加强选育工作，建立品质好的核心群，是保证鸽场具有较高经济效益的重要措施。如果鸽场只顾眼前生产利益，即使饲养的是比较好的品种鸽，但未进行严格选种，不建立种鸽核心群，不进行系谱记录和种鸽生产记录，有的甚至不知道自己鸽场的品种，结果肯定是后代不断退化，生产性能下降，商品乳鸽质量下降，在市场竞争中缺乏竞争力。

2）饲喂全价配合饲料，正确配制和使用保健砂 全价配合饲料营养全面，可以满足肉鸽各生长发育阶段的需要。肉鸽饲养建议标准：代谢能为青年鸽 1.17×10^4 焦/千克、非育雏期种鸽 1.25×10^4 焦/千克、育雏期种鸽 1.29×10^4 焦/千克；粗蛋白质为青年鸽 13%～14%、非育雏期种鸽 14%～15%、育雏期种鸽 17%～18%。根据饲养标准，配方中一般能量饲料占 65%～85%，蛋白质饲料占 15%～35%。配制饲料时，饲料品种可根据鸽场实际情况、市场饲料品种的供应及当时的饲料价格来确定，原则是以价格尽可能低廉的配方来满足肉鸽生产和生长发育的需要，最终取得最佳生产效果。

保健砂被视为养鸽的法宝，因配方不同，功能和作用也不尽相同。在配制和使用保健砂时，应根据鸽的生长发育需要适当补充添加剂，如多种维生素、微量元素、药物等。保健砂要求新鲜，每天添加 1 次，每周彻底清理 1 次，每次配料以用 2～3 天为宜，易氧化、易潮解的配料在当天给保健砂时混合，每对鸽日供 8～10 克保健砂。

3）及时配对 种鸽长至 5～6 月龄时，已达到体成熟，此时应及时人工配对。配对后一般经 1～2 天公、母鸽即产生感情，出现爱抚动作，7～10 天开始产蛋。

4）人工光照 实践证明，亲鸽每天光照 16～16.5 小时，能够提高产蛋率、受精率和仔鸽的体重，因此，亲鸽应于晚上补充光照。人工光照光线应柔和，不宜太弱或太强。光照控制可设自动开关或由专人负责，定时开灯、关灯。

5）利用保姆鸽 在养鸽生产中，保姆鸽的利用非常重要，有许多情况，需要保姆鸽来完成孵化与哺乳任务。

①利用保姆鸽的目的：一是代替不善于孵化哺育的亲鸽。二是充分发挥优良肉用种鸽的种用价值。为使优良品种获得更多的后代，可以让它们专门产蛋，产下的蛋，找保姆鸽代为孵化。三是减少亲鸽负担，提高生产率。在每巢两蛋孵化过程完全正常的情况下，可对仔鸽实行并窝至 3～4 只，以充分发挥亲鸽的育雏能力，

使无育雏任务的亲鸽提前产蛋。

②保姆鸽应具备的条件：一是要无疾病，精神状态较佳；二是要有较强的孵化育雏能力；三是要选择1~3岁的生产鸽；四是要求被代孵的蛋或被哺育的仔鸽的日龄，与该保姆鸽的蛋或乳鸽的日龄相同或相近，才能使育雏阶段的保姆鸽分泌的鸽乳与乳鸽的需要相适应。

③拼蛋、并仔操作方法：将蛋或乳鸽拿在手里，手背向上并稍向产鸽，以防产鸽啄破蛋或啄死仔鸽，趁鸽不注意时，轻轻将蛋或乳鸽放进巢中，动作要快且轻。这样，保姆鸽就会把放入的蛋或乳鸽当作是自己的，继续孵化和育雏。

6) 并窝孵化与人工孵化技术的利用

①并窝孵化技术：将孵化日龄相同的种蛋并给其中一部分种鸽孵化（一般3枚），来缩短另一部分种鸽产蛋间隔，以提高产鸽的繁殖效率。实际生产中该技术可以在同一栋鸽舍相邻产鸽间进行或相邻鸽舍与鸽舍间进行，以便于生产管理。

②人工孵化技术：利用电孵箱孵化种蛋，结合生态同步原理，让一部分产鸽继续孵化模型蛋，来进一步缩短另一部分没有孵化任务的产鸽产蛋间隔，以提高产鸽的繁殖效率，目前该技术已普及使用。

7) 乳鸽人工育肥　人工育肥技术是与人工孵化技术相配套的。试验证明，适时采用人工哺育乳鸽，既可减轻肉用种鸽的哺仔任务，缩短产蛋周期，又可使乳鸽的体重相对增加，增加经济效益。一般建议亲鸽哺育乳鸽至14~15日龄之后人工育肥。

8) 及时出售乳鸽　乳鸽长到25~28日龄、体重达500克以上时，乳鸽胸肌丰满，肥度适中，料重比较好，应及时上市出售。

9) 适时淘汰低产鸽　对不能达到年产5~6对乳鸽的亲鸽应予以淘汰，但对因公鸽或母鸽单方造成低产的，可只淘汰公鸽或母鸽，不能"一窝端"。

10) 进行产品深加工，把握产品终极市场　乳鸽的最佳上市时间是25~30日龄。然而，在特殊行情或受其他环境影响时，乳鸽价格出现长期低迷或销售滞缓，此时，进行屠宰冷藏或深加工是降低成本和增加效益的唯一途径。深加工产品，可提高产品附加值，创造更好的经济价值，也可延长货架期，丰富产品品种。深加工产品也更便于食用，符合现代人类快节奏的生活方式。产品深加工是扩大市场消费的有效途径。

17 如何提升鸽场的生产效能？

一个鸽场如何做到由试养到懂养，由粗养到精养，由低效到高效，由随意养殖到无公害健康养殖，下面以某公司30年的成功养鸽经验为例，做如下简要介绍。

(1) 为鸽群提供良好的舍内环境　一个高产的鸽场，首先要看有没有好的室内空间环境（图1-37、图1-38）。鸽舍的构建，不管形状如何，造价多少，都必须围绕鸽生存环境的三大要素：良好的光照、透气性和控湿条件。鸽场建舍的理念是：舍内普光要到位，气流运行无死角，雨天也干燥。尽力创造舒适的生活环境，才能为养好鸽打好基础。标准化鸽舍（图1-37）明显比散户简单的鸽舍（图1-38）通风好，光照均匀、充足，粉尘少。

图1-37　标准化鸽舍　　　　　图1-38　散户鸽舍

（2）做好引种选育工作　讲经济效益，先要谈产量，高产量才能高效益。一般来讲，资料介绍与社会上名鸽较多，真正需要获得好的生产种鸽，首先要引好种，选好种，配好种。让公司通过引进良种，加上多年可持续选育、选配，培育当家种鸽。

（3）确保饲料质量　严控鸽饲粮的采购质量，提高不同发育时期、不同季节的合理配制意识。要保持鸽群常年生产的稳定，确保饲料质量是重要环节。

在新陈粮接替时，鸽群生产极不稳定，产蛋率下降，等外蛋品增加，仔鸽死亡率高，生产鸽毛病多，这些都与饲料质量有直接关系。在实践中为了解决这些现象，建议添置粮食烘干机（或从专业化饲料厂家直接选购），确保鸽饲料无霉变、无杂质、无虫害。

生产中，根据季节变化及时调整饲料配比，满足鸽冬季产蛋的需求，才能达到不降产增效的目的。

（4）提高鸽群疾病预防与合理防疫意识　病从口入，在创造良好的空间环境、严控饲料质量、加强饲料合理配比的同时，还要对鸽在生存中固有的常见病做好预防与治疗工作，牢牢掌握对鸽病防控的主动权。在对疾病防控上注意止痛、消炎、治菌、治虫、抗病毒、灵活用药。如在鸽新城疫疫苗防疫上，应重前稳中调后，用药的同时首先要考虑产品的安全性和保持生产的稳定性。

（5）创新设备，降低用工成本

创业初期，1个劳动力饲养 500 对就已很累；现在 1 个劳动力饲养 5 000 对以上已经不是神话。因此，饲养场时时刻刻都要以科学引领，不断对鸽场进行改造升级（图 1-39 至图 1-41）。只有这样才能保证产量提升，同时降低饲养成本，最终赢得效益。

图 1-39　梯形滚蛋孵鸽两用笼

图 1-40　清粪机　　　　　　　　图 1-41　自动喂料机

（6）加强职工的技能培训工作　具体参见问题 14。

（7）提升产品质量与市场竞争意识　现在食品安全越来越受到人们的重视，这对养鸽业是一个挑战，更是一个机遇。如采用适当减少颗粒饲料的使用、以五谷豆类为主体、补充营养全面的保健砂、中药保健调节的生态养殖法生产安全的产品，提高市场竞争能力。

18 现代化肉鸽场的软硬件设施建设方案要求是什么？

现代化鸽场建设是鸽场未来发展的方向，是肉鸽养殖实现规模化、自动化、标准化的体现，是肉鸽产业持续、稳定、健康发展的保障，更是所有养鸽人努力的目标。具体内容在前文中已有部分提及，此部分做一个综合的概述。

（1）团队建设　鸽场团队建设包括核心人才建设和饲养员队伍建设（图 1-42），具体建设内容详见问题 14、问题 15。

（2）鸽场建设　主要包括场址的选择、生产区建设、无害化处理区建设等。

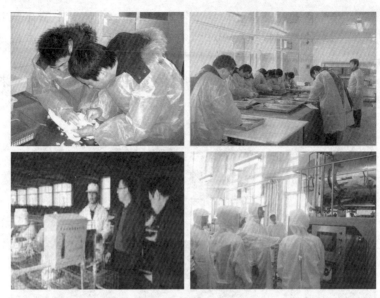

图 1-42　专业团队

1）场址的选择　主要包括鸽场所在地气候、地势、土壤及污染等（详见问题 4）。图 1-43 为某现代化鸽场。

图 1-43　优美的鸽场环境

2）生产区建设　主要包括生物安全体系、道路、童鸽舍、飞棚、生产鸽舍、饲料车间、孵化大厅建设，以及自动化肉鸽成套设备安装与调试等。

①生物安全体系建设（图1-44）：关键是控制或减少一切外来车辆和人员的进出，严格执行卫生消毒制度。

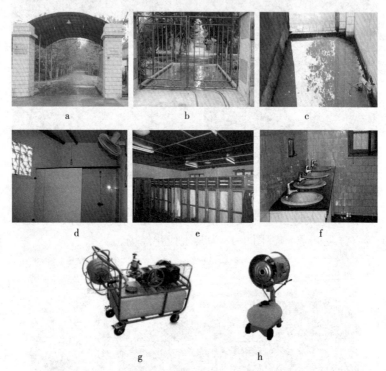

图1-44　生物安全体系建设
a. 一级消毒池（车辆进出鸽场）　b. 二级消毒池（车辆进出生产区）
c. 三级消毒池（饲养员进出鸽舍）　d、e. 更衣淋浴消毒室　f. 手消毒器具
g. 高压水枪　h. 手推喷雾机

②道路及鸽舍建设（图1-45）：关键是净道和污道分开，雨污分流；鸽舍建设要求详见问题6。

③饲料车间建设（图1-46）：关键是保证宽敞、通风、干燥，原料垫板数量充足，小料间要阴凉，最好配置空调。

图 1-45　道路及鸽舍

a. 净道　b. 污道　c，d. 飞棚　e. 冬暖夏凉鸽舍

　　④孵化大厅建设（图 1-47）：关键是保证宽敞、明亮、通风，最好配置空调。

　　⑤自动化饲养工艺成套设备配套建设（图 1-48）：自动化的鸽用成套设备包括鸽笼、喂料机、饮水器和除粪装置等（详见问题 7、8、9、13），成套设备的选择和使用是实现肉鸽高效养殖的保障。

图 1-46　饲料车间
a. 饲料垫板　b. 原料堆放整齐　c，d. 饲料生产区

图 1-47　孵化大厅

图 1-48　鸽用成套设备
a. 自动喂料机　b. 自动清粪机　c. 自动饮水器　d. 配套层架鸽笼

3）无害化处理区建设（图 1-49）

①粪污处理：鸽的粪便通常通过堆肥发酵、深埋或焚烧等方法进行无害化处理，可减少鸽舍中病原微生物和虫卵的数量，改善空气质量，从而有利于鸽群的健康。由于鸽粪量很大，生产上又难以分清健康鸽与病鸽的粪便，也难以及时清理出鸽粪，同时深埋或焚烧方法费用较高，养殖场往往选择将所有的鸽粪一起采取堆肥发酵的方法进行无害化处理。

②病死鸽处理：病死鸽滋生了大量病原微生物，是疾病传播最

图 1-49　鸽场无害化处理

a. 鸽粪喷雾消毒　b. 鸽粪好氧发酵　c，d. 病死鸽焚烧处理

常见的重要传染源，所以对病死鸽应进行深埋或焚烧等无害化处理。在掩埋病死鸽时，应注意远离住宅、水源、生产区，土质干燥、地下水位低，并避开水流、山洪的冲刷，掩埋坑的深度应不少于 1.5 米，掩埋前在坑底铺上 2～5 厘米厚的石灰，病死鸽投入后再撒上一层石灰，填土夯实。焚烧尽量选择焚烧炉，不仅卫生环保，而且灭菌（毒）更彻底。

（3）加工与营销　产品加工是高效养鸽产业链的延伸，也是养殖场持续稳定健康发展的重要一环。

①屠宰场建设：这是现代化鸽场延伸产业链、抵御风险、稳步发展的重要举措，更是品牌营销的前提。具体包括严格的检疫制度、规范化的屠宰模式、精确的品级划分、一体化的包装流程及冷链运输等规范化的屠宰生产线（图1-50）。

②绿色直供：保证产品质量，创建优质品牌，与大中型超市建立直供合作，是肉鸽销售网络稳定的基础（图1-51）。

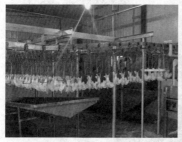

图1-50　规范化的屠宰生产线

图1-51　直供门店的现场货架

③重视网络营销——产品飞进千万家：互联网是工具，是一种商业模式，更是一种生活方式（图1-52），所以对所有企业来说，挑战和机遇是一样的。如何真正获得发展空间和契机，取决于你是否拥有前端业务线的能力，是否真正走到顾客端，与顾客沟通，让顾客直接感知你的价值创造，或者与你一起创造价值。在新时期的今天，互联网让企业创造价值的能力更容易被顾客感知，企业可以更快速地集聚顾客（详见问题95～100）。

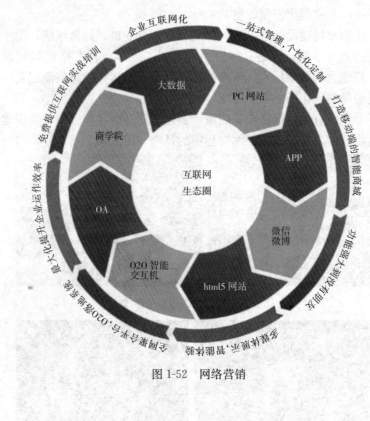

图 1-52　网络营销

二、品种与繁育

19 国内有哪些肉鸽品种资源？目前市场上有哪些优良品种（配套系）？

我国目前饲养的肉鸽品种资源十分丰富，总计20余个，它们分布于不同地区的肉鸽养殖场，有着各自的品种特性。但是《中国畜禽遗传资源志·家禽志》（2011年版）收录的我国地方鸽种目前只有2个，分别是石岐鸽和塔里木鸽。

（1）品种资源

1）石岐鸽　是我国广东省中山市三乡镇广东省中山食品进出口有限公司石岐鸽场饲养保存的地方品种，距今已有100多年历史。它是由中山的海外侨胞带回的优良种鸽与中山本地优良品种进行杂交而成。石岐鸽场成立于20世纪80年代，并在专家指导下开始选育。如今，石岐鸽性能基本稳定，目前鸽场存栏石岐鸽8万余对，产品主要出口我国港澳和东南亚地区。

体型外貌及主要生产性能：保存的石岐鸽现在基本为白色，体型较长，翼及尾部也较长，形状如芭蕉的蕉蕾，平头光胫，鼻长嘴尖，眼睛较细，胸圆，适应性强，耐粗饲，生产性能良好，可年生产乳鸽17只。成年体重：公鸽600～650克，母鸽550～600克。蛋重约22克。乳鸽28日龄体重达550克。

2）塔里木鸽　又称新和鸽、叶尔羌鸽，属肉蛋兼用型品种；塔里木鸽原产地为新疆塔里木盆地西部叶尔羌河与塔里木河流域一带，中心产区为喀什地区的莎车县、阿克苏地区的新和县等，塔里木盆地其他市（县）亦有分布。

体型外貌及主要生产性能：塔里木鸽颈粗短，胸部突出，背部平直。头圆，额宽，脸清秀，眼大有神。羽毛以灰色及灰二线、雨点色为主，下颈和上胸均呈暗紫、青绿色金属光泽；两翅与下背羽毛基本同色，副翼羽有黑色斑点；尾羽颜色较深，腋羽灰白色。喙短微弯，呈紫红色或黑色，喙基部有鼻瘤（白色或粉红色）。虹彩呈橙红色，胫呈粉色至深红色不等，爪呈黑色。塔里木鸽平均开产日龄150天，年可生产乳鸽15只，蛋重15～18克，种蛋平均受精率80％，受精蛋平均孵化率90％，就巢率100％。

（2）新品系

1）新白卡鸽　新白卡鸽是我国深圳市天翔达鸽业有限公司以白卡奴鸽为原型，经过多个世代选育而成。该品种饲养成本低，产量高，且鸽肉厚、脂肪少，结缔组织丰富，深得食客喜爱。

体型外貌及主要生产性能：新白卡鸽体型与王鸽相似，比欧洲肉鸽略小，结实雄伟，有挺直之姿，粗颈短翼，阔胸矮脚，尾巴斜向地面。生产性能略高于白羽王鸽。成年体重：公鸽600～700克，母鸽550～600克。乳鸽28日龄体重达580克。

另外，由于消费习惯和市场需求，我国一些种鸽场还保存一些红卡奴鸽，但其数量有限，且多作为有色羽肉鸽杂交使用。

2）泰深鸽　是由深圳天翔达祖代种鸽场以法国泰克森为原型选育而成的雌雄自别肉鸽新品系。

体型外貌及主要生产性能：泰深鸽体型中等，通常公鸽羽色为全白或少量黑白相间、黄白相间的羽毛，颈上有黑白或黄白花的项圈，母鸽羽毛为灰二线，与石岐鸽相似。成年体重：公鸽650～700克，母鸽600～650克。年产乳鸽16只，乳鸽28日龄体重达620克。

我国还有许多地方鸽场也培育了一些配套系，如江苏如皋的"长江鸽"、上海的"立春鸽""大皇鸽"、湖南全民鸽业的"岳阳王鸽"等，其中不乏生产性能优良，深受当地养殖户欢迎的品系，但缺乏系统科学的选育资料，其优良性能和稳定性尚待相关部门认定，本书不一一列举和介绍。

（3）配套系

1）天翔1号肉鸽配套系（已于2019年5月通过国家审定）由深圳市天翔达鸽业有限公司和广东省家禽科学研究所合作培育，为三系配套。商品代乳鸽具有前期生长速度快、饲料消耗少等特点。21～25日龄即可上市，屠体性状符合市场对红烧型肉鸽的要求，21日龄体重可达500克，28日龄体重超过570克。

2）苏威1号肉鸽配套系（自主培育，尚未审定）　由江苏威特凯鸽业有限公司和江苏省家禽科学研究所联合培育，为三系配套。该配套系父母代繁殖性能优良，在自然哺喂条件下，年产乳鸽17.5只，商品代羽色纯白，生长速度快，28日龄体重570克以上。

3）天成王鸽（自主培育，尚未审定）　由河南天成鸽业有限公司、江苏省家禽科学研究所和中国农科院北京畜牧兽医研究所联合培育，为三系配套。该配套系抗寒，抗病性强。父母代繁殖性能优良，商品代成活率高。

20 国外有哪些优良肉鸽品种资源？

国外的优良鸽种较多，这里重点介绍几个影响较大的肉鸽品种。

（1）王鸽　原名皇鸽，又称美国王鸽、大王鸽、K鸽，包括白羽王鸽、银羽王鸽等，是目前世界著名的大型肉用鸽品种，也是世界上饲养数量最大、分布面积最广的品种。王鸽是1890年在美国培育而成的。它有贺姆鸽、鸢鸽等著名品种的血缘。其特点是体型短胖，胸宽背深，尾短而翘，喙细而鼻瘤小，头盖骨圆且向前隆起，羽毛紧密，体态美观。鉴于白色羽毛的王鸽最具代表性，故又称大白鸽。实际上王鸽还有灰、银、红、蓝、棕、黑色等各种羽色，但是最具代表性的是白羽王鸽和银羽王鸽。

1）白羽王鸽　又称白王鸽，是美国在1890年用白鸢鸽、白马耳他鸽、白贺姆鸽和白蒙丹鸽四元杂交，经过近50年时间选育而成，有观赏型和肉用型之分。肉用白羽王鸽特点是体型大，形态优美，生产性能好，头圆，前额突出，全身羽毛洁白，颈部羽毛闪出微绿色的金属光泽，尾羽略向上翘。嘴呈肉红色，鼻瘤很小，眼大有神，眼皮呈双重粉红色，眼球为深红色，胫爪为枣红色。成年鸽体重 650～750 克，青年鸽体重 600～700 克，年产乳鸽 6～8 对，25 日龄乳鸽体重 600 克左右。

2）银羽王鸽　又称银王鸽，是美国在 1909 年用灰色鸢鸽、灰色马耳他鸽、灰色蒙丹鸽、灰色贺姆鸽四元杂交，经过多年培育的肉鸽品种，同样有观赏型和肉用型之分。肉用银羽王鸽的特点是体型比白羽王鸽稍大，全身紧披银灰略带棕色羽毛，翅羽上有两条黑色带，腹部和尾部呈浅灰红色，颈部羽毛呈紫红色略带有金属光泽，鼻瘤呈粉红色，眼环呈橙黄色，胫爪呈紫红色。肉用银羽王鸽除具有白羽王鸽全部优点外，性情更温驯，生产性能好，成年种鸽体重800～1 020 克占多数，乳鸽的体重也大，年产蛋量较白羽王鸽高，年产乳鸽 10 对，乳鸽生长快，饲料报酬高。

1977 年，上海市从国外引进白羽王鸽和银羽王鸽。1983 年，广东家禽科学研究所和广东省南海县畜牧局从上海引进展览型王鸽进行试验和研究并生产繁殖，同时，又从泰国引进商品王鸽，建立了王鸽繁殖试验基地。另外，广东省珠海、深圳、南海和恩平等地先后从澳大利亚引进了商品型白羽王鸽和银羽王鸽，建立了肉用王鸽生产场。

（2）卡奴鸽　又名加奴鸽、赤鸽，产于比利时、法国，为世界名鸽，属于中级食用鸽。其特点是外观雄壮、粗颈短翼，阔胸矮脚，嘴尖头圆，站立时姿态挺立，羽毛紧凑，尾巴斜向地面。卡奴鸽略小于王鸽，体型中等、结实。成年体重：公鸽 700～800 克，母鸽 600～700 克。4 周龄乳鸽体重 550 克左右。卡奴鸽性情温驯，繁殖力强，年产乳鸽 8～10 对，高产的达 12 对以上，就巢性特别强。育雏性能非常理想，受精孵化率高，育雏一窝接一窝，可不停地哺仔，有的 1 窝可哺育 3 只仔鸽，可以用作保姆鸽，被誉为模范亲鸽。该鸽喜欢地面找食或玩耍，每天饱食一次，可坚持到第二天再食，故养此鸽省工、省料、成本低。该鸽羽毛光泽艳丽，羽装紧密，主要有纯红、纯黄、纯白三种，也有三色混合者。法国养鸽界认为最名贵的是纯红和纯黄卡奴鸽。

白色卡奴鸽是美国棕榈鸽场1915年开始培育，至1932年育成。它是用法国和比利时红色带有较多白羽的卡奴鸽与白贺姆鸽、白王鸽、白鸾鸽进行四元杂交，经过长期选育而成。其特征是体型比法国卡奴鸽大，成年鸽600～750克，乳鸽550～600克，生产性能好。

我国20世纪80年代后期上海曾有少量引进。广东、广西两省（自治区）先后从澳大利亚引进。我国北方地区从荷兰也引进过，引入鸽多为红色，现饲养存栏量不多。

（3）欧洲肉鸽　也称法国肉鸽，于2000年从法国克里莫公司引进，现保种于江苏省威特凯鸽业有限公司。欧洲肉鸽（米玛斯曾祖代Ⅰ、Ⅱ、Ⅲ系）Ⅰ系产蛋性能优良、Ⅱ系产蛋与生长性能均衡、Ⅲ系生长速度快。

体型外貌及主要生产性能：欧洲肉鸽体躯粗壮、深广、浑圆而充实，全身肌肉厚实，全身羽毛洁白而紧贴，两肩之间开阔而平展，向后缓缓收窄而呈明显楔形。胸部丰满是欧洲肉鸽的最大特点，胸肌呈M形。成年鸽体重700～750克，年产乳鸽13～15只，商品代乳鸽28日龄体重600克以上，乳鸽屠宰率87.4%以上，胸肌率28%～30%。

（4）鸾鸽　又名大仑特鸽，原产于西班牙和意大利，是一个古老的肉鸽品种，经美国引进改良，已成为目前世界上所有鸽中体型最大、体重最重的肉鸽品种，体大如来航鸡，无法高飞。

鸾鸽体型大，胸部稍突，肌肉丰满，体型短而呈方形；头顶广平，喙硕长而稍弯；眼大，青年鸽眼环粉红色，成年鸽眼环红色或肉红色；颈长而粗壮；龙骨硕长；背长而开阔；尾宽长而末端钝圆，大腿丰满，跗跖和趾较短，无腿毛或有腿毛，胫红色。羽色有白、斑白、黑、绛、灰色等。不善飞翔，繁殖力强，性情温驯，抗病力强，适宜笼养，较易管理。

鸾鸽成年体重：公鸽 1 400 克，母鸽 1 250 克；青年体重：公鸽 1 200 克，母鸽 1 150 克。体长从喙到尾端 53.34～55.88 厘米，胸围 38.1～40.64 厘米。年产仔鸽 7～8 对，高者达 10 对。28 日龄乳鸽活体重达 700～900 克。

（5）贺姆鸽　很早就驰誉于世界养鸽业，有肉用贺姆鸽和高产贺姆鸽两个品系。1920 年，美国选择肉用贺姆鸽和王鸽、蒙丹鸽、卡奴鸽培育出第三个品系，即现在的大型贺姆鸽。其乳鸽肥美多肉，肉嫩，并带有玫瑰花香味，是美国市场的抢手货。

贺姆鸽成年鸽体重较肉用贺姆鸽重，年产乳鸽窝数较肉用贺姆鸽高，年产乳鸽数可达 7～8 对，其羽毛有白、蓝条、纯黑、纯棕、纯灰色等多种颜色。

贺姆鸽繁殖性能好，很少有压破蛋和压死雏鸽的情况出现，产仔多，饲料消耗少，乳鸽生长速度较快，上市乳鸽全净膛重 450～550 克。成年公鸽体重可达 700～750 克，母鸽体重 650～700 克。4 月龄乳鸽体重达 600 克左右。繁殖力强，育雏性能也不错，年产乳鸽 8～10 对，成活 5～6 对。肉用贺姆鸽的羽毛紧密，体躯结实，脚无毛，体型较短、宽、深，喙呈圆锥状，较粗短。

（6）蒙丹鸽　又译为蒙腾鸽，原产于法国和意大利。在法国非常普遍，因其不善飞翔，喜地上行走，行动缓慢，故又称地鸽或法国地鸽。

蒙丹鸽体型与王鸽相似，但不像王鸽那样翘尾，大小适中，前额突出，毛色多样，有纯白、纯黑、黄、灰二线等色，白色较为普遍，光腿。

蒙丹鸽是优良的肉用鸽，年产乳鸽 6～8 对。成年体重：公鸽可达 750～850 克，母鸽 700～800 克。4 周龄乳鸽体重可达 750 克以上。

21 为什么要开展肉鸽育种？

近代几百年间，人类在应用遗传学理论控制、改造鸽遗传特性的过程中，创造和培育了大量的品种和品系，为肉鸽生产提供了丰富的资源。所有肉鸽品种，无论是原始品种，还是地方品种或培育品种，都是经过纯繁或杂交过程育成的。

（1）品种、品系的概念

1）品种　指具有一定的经济价值，主要性状的遗传性比较一致的一种家养动物群体，品种能适应一定的自然环境及饲养条件，在产量和品质上比较符合人类的要求，是人类的农业生产资料。品种是人工选择的历史产物。在有些肉鸽的品种中，还有称为品系的类群，它是品种内的结构形式。有些品种是从某一品系开始，逐渐发展形成的。一个历史很久、分布很广、群体很大的品种，也会由于迁移、引种和隔离等，形成区域性的地方品系。

2）品系　概念有狭义和广义之分。狭义的品系是指来源于同一头卓越的系祖，并且有与系祖类似的体质和生产力的种用高产畜禽群。同时这些畜禽群也都符合该品种的基本方向。广义的品系是指一群具有突出优点，并能将这些突出优点相对稳定地遗传下去的种畜禽群。

（2）开展肉鸽育种的重要性　20世纪70年代初，我国鸽业逐渐兴起，80年代后期蓬勃发展。但相对于国外的育种水平，我国鸽的育种研究还有较大差距，肉鸽育种一直跟不上发展需要，多年来饲养的肉鸽品种主要是从国外引进，至今为止仍缺乏自主培育、性能优良、广泛应用并已通过国家审定的肉鸽品种。开展肉鸽育种具有以下意义。

1）提高肉鸽养殖效益　肉鸽养殖近年来在我国迅速崛起，是我国继鸡、鸭、鹅之后的第四大家禽产业。然而，巨大的商机背后，市场混杂、品种匮乏等"科研落后于生产"的事实正在凸显；近交繁殖的情况普遍存在，导致后代生产、生活能力下降；同时，部分鸽种遗传性能不稳定，后代容易出现性状分离，生产性能低下、抗病力明显下降，品种退化等。我国肉鸽养殖应通过培育自主新品种（配套系），提高品种生产性能，进而增加肉鸽养殖效益，扩大养殖量，以满足我国肉鸽业快速发展的市场需求。

2) 推动肉鸽种业创新　品种创新是养殖立足之本。我国肉鸽商业化品种虽然不多，但是资源十分丰富，总计不下20种。他们分布在不同地区种鸽场，各自有着不同用途。大量性状独特、品质优良的地方资源不仅是生物多样性的重要组成部分，也是养鸽业赖以发展的物质基础。由于过去经济水平落后，地方鸽种长期处于一种自发的生存状态，缺乏系统的人工选育，因而生产性能大多低于引进品种，不适合现代养鸽业生产的需要。但是，我国是一个注重饮食文化的国家，对食品风味和外观都有较高要求。近年来，一些黄羽鸽、黑羽鸽、灰羽鸽等有色品种鸽更受市场欢迎，他们往往被定义为"土鸽"，市场前景十分广阔。充分利用我国地方鸽种肉质优、抗病力强的特点，结合引进品种高产优势，培育特色肉鸽新品种（配套系）以适应不断变化的市场需求。因此，肉鸽种业创新是满足养殖业对不同品种需求的基础。

3) 推进肉鸽业可持续发展　培育肉鸽新品种（配套系），对提高我国鸽种生产性能，加快我国肉鸽品种自主研发的脚步，缓解国外肉鸽品种垄断危机具有深远意义。同时，在丰富和提升我国肉食品资源的基础上，培育节粮型品种，能较大提高肉鸽养殖户利润空间，增加农民收入，也符合发展节约型社会的趋势。优质肉鸽新品种（配套系）的培育成功，可促进我国养鸽业快速发展，带动更多的人走进养鸽产业中，为农民增收、农业增效做出贡献。

培育自主鸽种是我国鸽业健康可持续发展的必由之路。

22　如何开展品系选育？

品系作为鸽育种工作最基本的种群单位，在加速现有品种改良、促进新品种育成和充分利用杂种优势等育种工作中发挥着巨大的作用。不同的历史时期，品系的概念和内涵也在不断地演变。品系有的是自然形成的，有的是人工选择形成的。

目前常用的建系方法包括系祖建系法、近交建系法和群体继代选育建系法等3种方法。

（1）系祖建系法　系祖品系，又称为单系祖品系，传统上被称为典型的品系繁育方法。它是一个沿用已久的古老方法。

系祖建系法，是以优秀的系祖为先决条件。系祖被视为品系育种的样本，把系祖的个体优良特性变为品系群的群体特性，使群体系祖化，这就是系祖育种法的主要选育目标。系祖育种法在品系群中必须设法集中系祖的优良遗传性，而不是其他祖先的遗传性，这和一般的近亲繁殖有所不同；控制运用近亲交配，一般多采用温和的近交，必要时也采用强烈的近交，可以灵活运用。

系祖必须是出类拔萃的个体，不要求十全十美，但是特定性状一定要非常突出。如果所选育的是数量性状，其表型值应该超过群体均值3倍标准差（$X+3S$）以上，也就是说对系祖的选择应该达到百里挑一甚至更高的强度。系祖不仅要求表型优良，更重要的是要遗传优势强，育种值高，能够将其优良性状稳定地遗传给后代。

系祖建系强调同质选配，凡与系祖或系祖的继承者交配后裔成绩优良的成功配对，应尽可能进行重复配。为了充分利用优良的系祖或系祖的继承者，可与后代进行迭代交配，这些都是促进品系群同质化的有效措施。

利用系祖的继承者，建立至少3个支系，实行支系闭锁繁育。系祖品系如果系内没有结构，它常常是短命的。而建立了支系，系内就有了结构，则短命品系便可变为长命品系。

系祖建系法，由于遗传狭窄，系祖的优良基因在传代的过程中，很容易由于基因的随机漂移而漏失，往往育不成高产品系，而流于类似近交系的后果。所以，除非遇有特别优秀的系祖，一般不宜采用系祖建系法。

综上所述，该法建系的过程，实质上就是选择和培育系祖及其继承者，同时充分利用它们进行合适的近交或同质选配，以扩大高产基因频率，巩固优良性状并使之变为群体特点的过程。

（2）近交建系法　是在选择了足够数量的公母鸽以后，根据育种目标进行不同性状和不同个体间的交配组合，然后进行高度近交，如亲子、全同胞或半同胞交配若干世代，以使尽可能多的基因座位迅速达到纯合，通过选择和淘汰建立品系。与系祖建系法相比，近交建系法在近交程度和近交方式上都有差别。

近交建系法是从一个基础群开始高度近交的。其首要的条件是建立良好的基础群。最初的基础群要足够大，母鸽越多越好。基础群的个体不仅要求性能优秀，而且它们的选育性状相同，没有明显的缺陷，最好经过后裔测验。

由于近交衰退，代价高昂，在生产上已多不主张搞近交系，而是采用别的近交较缓慢的方法来选育品系，但对于近交系的研究并未停止，而是更加深入。

(3) 群体继代选育法　又称为系统选育、系统造成、世代选育、闭锁群选育、选择系、多系祖品系等。该方法是根据群体遗传学和数量遗传学理论在群体基础上发展起来的品系育种方法。从20世纪50年代开始采用到现在，已有半个多世纪的历史。

1) 原始基础群的组成　原始基础群，又称"0世代"。群体品系不是以某个优良个体为中心，而是以优良的群体为基础。"0世代"基础群由一定数量的优良公母鸽共同组成。

"0世代"基础群可以来自若干个优良的家系，可以来自基本群体，也可以来自一般的生产群。可以同质优选（有利于专门系），也可以异质拔尖（有利于综合系）。但一定要选择品质优良的公母鸽组群，使这个基础群成为一个优良的基因库。将来建成的群体品系的质量，在很大程度上取决于作为原始材料的基础鸽群。在这个基因库中，某一优良基因的初始频率越高，将来把它固定下来的机会也越多。

基础群的公母鸽之间最好没有亲缘关系，但这一点有时候很难办到。因为在一个有限的鸽群里，个体间很难避免有共同祖先的互相关联，不要因此而影响优良个体的中选机会，特别是鸽群的群体有效含量足够大时，可以不考虑亲缘关系，只要优良就可以入选。

2) 群体闭锁　当"0世代"原始材料基础群的公、母鸽组成以后，就要实行系群闭锁。即只允许这个群体以内的公母鸽互相配种繁殖，而不再从这个群体以外引入新个体。因为闭锁群的繁殖过程，是基因的分散和固定过程，加上选择的作用，就成为在分散的基础上定向地提纯固定的过程。如果在品系繁育的过程中从品系群以外引入新的个体，它将起两个作用：①制止分散。没有分散就缺乏选种素材，使品系育种工作的遗传改进量迟滞不前。②消除固定，使已经纯合固定了的基因型重新杂合化。群体建系，在正常情况下，从"0世代"开始，到品系育成为止，一直实行系群闭锁，所以又称为闭锁群育种法。

但不得已时，也可适当导入一点外血，但导入的数量不能太多。最好不要引进公鸽，因为公鸽的影响太大。还要注意，引入个体应尽可能与品系群同质为好。

3）随机交配　群体建系法公母鸽配种时，不加任何人为的选择配对，完全实行随机交配。

在随机交配的情况下，任何公母鸽互相交配的机会相等，故能最大限度地扩大配子自由结合的概率，使配子抽样方差减弱，减少基因漏失和随机漂移的概率，增加各种性状表现的机会，以期增加选种素材的多样性。

如果品系群体太小，防止群体近交率增长过快，则应避免全同胞交配，甚至避免半同胞交配，使近交率增长得更为缓慢一些，这就不是完全的随机交配了。

4）选种方法　家系选择法是20世纪60年代以来育成群体品系常采用的方法之一，所以又称为闭锁群家系育种法。

为了确保选择的准确性，这些后裔备选群，不能随意淘汰。按主要经济性状产蛋量、蛋重、开产日龄、产蛋期死亡率（或存活率）进行选择。公鸽除了根据本身受精率、孵化率、体重等性能进行选种外。还需根据同胞、半同胞姐妹的成绩进行选择。

按全同胞、半同胞成绩落选的家系（父系或母系），其中如有特别优秀的个体亦可按其表型成绩入选。在选种上，不要试图选育一个全部性状都优良的"万能品系"，应该突出重点，育成"专门化品系"，但多半不是单打一，而是着重选择2～3个性状。如果我们选择的是单一性状，可按单项成绩排队；否则，就要运用指数选择法对个体或家系进行选择。

5）缩短世代间隔　上一个世代的公母鸽经过生产性能选择后，尽早繁殖下一个世代，以缩短世代间隔，加快遗传进展。除极少数个体择优选留外，其余全部更替。

6）近交系数的控制　闭锁群建系法，一般不引入外血，也不强调近交，而是通过家系选择法，逐步提高品系群的纯合性。群体近交系数，不是一个死板的规定，也要看实际情况，有的品系群近交而不衰退，或衰退甚微，近交系数可以高一些，否则就应低一些。杂交鸽群横交建系时近交系数可以高一些，纯繁建系近交系数一般来说应该低一些。近交系数缓慢增长时，积累起来的近交系数可以高一些，反之应该低一些。总之一句话，应该"死方活用"。

7）固定　小群体全部位点上的基因，迟早都要达到0和1两个频率极限中的一个，基因频率达到1时称为固定，达到0时称为消失。由于群体品系特别强调选种，因此，群体品系将向着所选育的优良性状加速固定。但应注意选种的准确性，否则将会增加杂合体的中选机会而使固定延迟，所以应强调家系选择。

品系群的有效含量小，再加上实行家系非等量留种，世代选育的结果，可能使后代逐渐集中于少数祖先的血统，甚至会集中到某个祖先而形成类似系祖建系的结果。这是值得注意的，也是应该欢迎的。因为这是合意的集中，而不是贸然偶合，也不会积弊成疾。

8）杂交组合试验　必须有多个品系进行正反杂交，才能评选出配合力最好、杂种优势最强的杂交组合，这是一项工作量很大而又细致复杂的工作，又是非做不可的工作。对育成的新品系，通过与若干个品系的杂交组合试验，求出其一般配合力和特殊配合力。重要的是要求出其特殊配合力，以便品系育成后，能够配套杂交获取稳定的高效益杂种优势。

9）保系　品系育成后，如确属配合力很强的好品系，应扩群投产，满足生产上的需要。此外，还有一个保种的问题。保持品系和育成品系，有同有异。主要的保系措施有：扩大鸽群；降低选择强度，扩大选留家系数，减少因强度选择而增加的近交率；延长世代间隔，减缓基因漏失率；降低近交率；采用各家系等量择优留种的方法等。

总之，群体品系育种立论严谨，设计周密，是一个比较好的建系方法。用之于纯种建系，可提高纯度，提高纯种质量；用之于杂种建系，可提纯固定育成新品系或新品种。

23 如何开展新品种（配套系）培育？

培育新的品种是肉鸽养殖工作中一项重要内容。目前主要采用的是杂交育种的方法。肉鸽品种或品系间的杂交，不但用于产生杂种优势，也用于培育新品种。杂交育种是从品种间杂交产生的杂交后代中，发现新的有益变异或新的基因组合，通过育种措施把这些有益变异和有益组合固定下来，从而培育出新的肉鸽品种或品系。

（1）育种方案的规划与分析 见图 2-1。

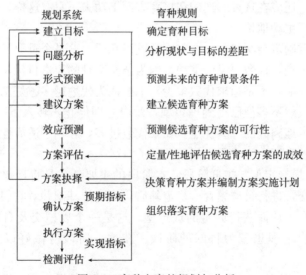

图 2-1 育种方案的规划与分析

（2）杂交育种的步骤

1）杂交阶段 这一阶段的主要任务是利用两个或两个以上不同品种的优良特征，通过杂交使基因重组，以改变原有肉鸽类型，创造新的理想类型。为此，应切实做好如下工作。

育种目标：对理想型要有一个明确、具体的要求。要制订杂交育种方案，明确育种方法、育种指标和理想型的具体要求等内容。

选好杂交用亲本品种：品种的选择以育种目标为依据。若选定的亲本品种及个体合乎要求，创造理想型的时间就有可能缩短。需要强调的是，在所选品种中最好选一个当地品种作母本，因为当地品种对当地条件具有良好的适应性，同时当地品种作母本数量较多，杂种后代也多，有利于选优去劣，易得到较好的杂交效果。

确定杂交组合和方式：当杂交用的品种选定以后，在开始杂交以前，要充分分析杂交用亲本的遗传结构、遗传稳定性、生产性能等，从而研究以哪个品种作母本、哪个品种作父本较为合适，采用哪种杂交方式收效快。

切实做好选种、选配及培育工作：这一阶段的工作，不应仅进行杂交，还应在选种、选配和培育方面下功夫。只有这样，才能使工作处于主动地位。

慎重确定杂交代数：杂交究竟进行几代？这是个重要问题。其基本原则是：代数要灵活掌握。因为杂交育种的根本目标是追求理想生产性能，不是追求代数多少，不能认为代数越多越好。有时杂交代数虽然不多但已得到理想型，就应立即停止，转入下一阶段。要珍惜本地肉鸽的一些优点。如果代数过多，影响了适应性和耐粗饲特性的发挥，则应予以纠正。

2）横交定型与扩群阶段　本阶段的主要任务是将理想型个体停止杂交，进行自群繁育，稳定其后代的遗传基础并对它们的后代进行培育，从而获得固定的理想型。这是一个以横交及自繁为手段，以稳定理想型为目的的阶段。在这一阶段应做好以下几项工作：

①采用同质选配：为巩固理想型，要进行同质选配，以期获得相似的后代。合乎理想型标准的个体并不一定都属于相同世代，更不可能完全相同，在选配时要注意灵活应用。

②有目地采用近交：为更快地完成定型工作，可适当采用近交手段。由于理想型杂种具有较高的生活力，所以使用近交手段不

会给生活力带来严重的不良影响。近交会加快遗传稳定性，所以，这一阶段中几乎都使用近交。但近交一定要有目的，要防止不必要的连续近交。近交程度，要看理想型个体品质和健壮程度而定。个体品质好，体质健壮，近交程度可高一些。应当注意，一旦发现由于近交而引起生活力减退，就应停止近交，并进行血缘更新，但仍应坚持同质选配。

③建立品系：对已建立起的理想型群体，应进行自群繁育，可考虑建立品系，以建立新品种的结构。

3）扩群提高阶段　本阶段的主要任务是大量繁殖已经固定的理想型，迅速增加数量，还要做好培育和选种选配工作。虽然在第二阶段已培育了理想型群体或建立了品系，但在数量上还不多，未达到新品种所规定的数量。数量不足也易造成近交；另外，数量少就不能大量淘汰，选择强度无法提高，不利于品种的保持和发展。在此阶段还要做好培育和选种选配工作。

4）纯繁推广阶段　这是杂交育种的最后一个阶段，本阶段的主要任务是在大量繁殖的基础上，把培育出的新品种由育种场或育种中心推广到生产中去，以进一步了解新品种的生产性能、繁殖性能、适应性等，以便及时总结经验，有针对性地进一步加强选种、选配及提高等工作。

（3）配套系的培育　杂交是一项系统工程，涉及多个种群、多个层次。这些种群、层次只有充分发挥相互间的协同作用，才能使杂交取得最佳效果。鸽的配套系杂交起步略迟。近年来由于生产的需要和市场的需求，部分企业和科研单位合作相继培养了一些肉鸽配套系（问题19）。在此仅对配套系杂交的组织与实施中的一些基本问题做一介绍。

1）配套系的特点　①配套系的培育不以仅仅育成一个品系为目的，而是以与其他品系配套杂交，高效率地生产优质商品杂种为目的。②配套系的育种素材可以是多种多样的。既可以是一对优秀的系祖，也可以是一群来源不同的个体；既可以是一个品种或者品系，也可以是几个品种或者品系。③配套系的培育可以采用近交、群体继代、合成等各种方法。④配套系在规模上可以略小，在结构上可以略窄，但其特点必须突出，纯合程度要高，表型的一致性要强。⑤配套系与同一杂交体系内的其他配套系杂交，要能充分利用相互间的互补效应。

2）配套系的组织与实施　配套系的培育只是为配套系的杂交奠定了物质基础，而要确定真正用于杂交配套的配套系及几系配套尚需进行配合力的测定。配合力的测定不仅要在配套杂交体系确立之前进行，也要在配套系杂交过程中进行。因为新的配套系不断出现，要求寻找更好的配套组合，参与配套杂交的配套系不断选优提纯，配合力测定可以提供新的信息。

配套杂交可能是二系配套、三系配套、四系配套，甚至更多的系配套。不同的配套模式涉及的种群数目不同，生产过程不同。另外，在整个杂交体系中，涉及选育、扩繁及生产商品等多种任务。这些问题要求在配套杂交体系中有一定的层次分级。常见的是二级杂交繁育体系和三级杂交繁育体系。图 2-2 至图 2-4 分别是二系配套二级杂交繁育体系、三系配套三级杂交繁育体系，以及四系配套三级杂交繁育体系的示意图，但是具体采用几级繁育体系需依具体情况而定。

对体系内的各级种群的要求是不同的。如在肉鸽的四系配套中（图 2-4），父本品系总的要求是体重大、早期生长发育快，其中对 A 系的体重和早期生长速度要求更高，而对 B 系则要求有更

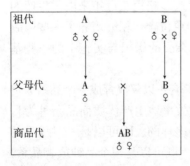

图 2-2　二系配套二级繁育体系

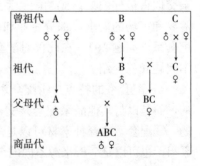

图 2-3　三系配套三级繁育体系

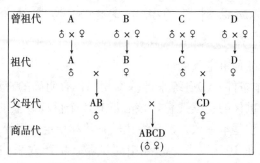

曾祖代	A ♂×♀	B ♂×♀	C ♂×♀	D ♂×♀

图 2-4 四系配套三级繁育体系

强的生活力；母本品系总的特点是生活力强、产蛋量高，其中对 C
系要求蛋大和早期生长速度较快，而对 D 系则要求生活力更强和
产蛋量更高。

体系内各级种群的任务也是不同的。如在三级体系内，对曾祖
代主要是根据育种任务和目标进行选优提纯，同时为其他层次提供
优秀的后备种鸽；对祖代主要是将曾祖代所培育的纯种扩大繁殖和
为父母代提供足够数量的纯种或杂种后备种鸽；父母代的主要任务
是繁殖生产商品用种鸽。

配套杂交体系除了具有层次性，还有结构问题。这是因为不同
层次和不同群体在杂交体系中的角色和任务不同，从而使其所需要
的数量也不同，而在每一群体内也存在由性别、年龄、生长阶段所
决定的结构问题，各层次的各群体及各群体内各类个体的数量的确
定需考虑繁殖率、成活率、性别比等一系列因素。

3）配套系的启示 不同的系就是具有不同特性的模块；对不
同特性的分析就是"解析"；配套就是组装，就是"耦合"。

由此可见，肉鸽配套系就是：①群体水平的"基因聚合"，一
些负遗传相关的性状很难在同一个品种（系）中兼顾，配套系解决
了这个问题；②群体水平的"平衡育种"，在一定程度上能对需要
改进的两个性状"取长补短"，如生长速度与肉质；③可有效地结
合数量性状与质量性状，如自别公母，制种控制；④可根据市场需
要组合不同性状，如国外高产快大品种与我国地方鸽种配套等。

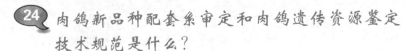

24 肉鸽新品种配套系审定和肉鸽遗传资源鉴定
技术规范是什么？

(1) 新品种审定条件

1) 基本条件 ①血统来源基本相同，有明确的育种方案，至少经过4个世代的连续选育，核心群有4个世代以上的系谱记录。②体型、外貌基本一致，遗传性比较一致和稳定，主要经济性状遗传变异系数在10%以下。③经中间试验，增产效果明显或品质、繁殖力和抗病力等方面有一项或多项突出性状。④提供由具有法定资质的畜禽质量检验机构最近3年内出具的检测结果。肉禽需提供包括种禽和商品禽检测报告。⑤健康水平符合有关规定。

2) 数量条件 肉鸽不少于5 000对。

3) 应提供的外貌特征、体尺和性能指标

①外貌特征描述：羽色，体型，冠型，冠色，喙色，胫色，皮肤颜色等。

②体尺：体斜长、胫长、胫围、胸宽等反映本品种的体尺指标。

③性能指标：初生重，3～4周龄体重，成活率，饲料转化率，屠宰率，胸肌率，腿肌率，肉品质；20%种鸽平均开产周龄，1～3岁配对鸽平均产蛋数，1～3岁产雏鸽数量，种蛋受精率和孵化率。

(2) 配套系审定条件

1) 基本条件 除具备新品种审定的基本条件外，还要求具有固定的配套模式，该模式应由配合力测定结果筛选产生。

2) 数量条件 ①由2个以上的品系组成，最近4个世代每个品系至少40个家系，鸽测定数不少于300对。②年中试数量：鸽不少于50万只。

3) 应提供的外貌特征和性能指标 与新品种审定条件相同。

(3) 遗传资源鉴定条件 ①血统来源基本相同，分布区域相对连续，与所在地自然及生态环境、文化及历史渊源有较为密切的联

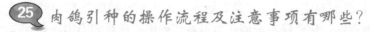

系。②未与其他品种杂交，外貌特征相对一致，主要经济性状遗传稳定。③具有一定的数量和群体结构。

鸽不少于 5 000 只。保种群体不少于 60 只公鸽和 300 只母鸽。

25 肉鸽引种的操作流程及注意事项有哪些？

（1）引种的操作流程　①了解市场需求。②了解各品种（品系、配套系）的适应性。还要了解其生产性能。③了解供种单位的资质与服务水平。④引种季节的选择，避开夏季和高发病季节。⑤引种"对象"（种蛋、乳鸽、童鸽、青年鸽、产鸽）的考虑。⑥价位问题、运输问题均要全面考虑。⑦勿去疫区引种。⑧应有市场风险意识。⑨引种者自身条件。包括可行性评估、论证、养殖定位、规模、经营水平、技术水平、资金和销路等。

（2）引种注意事项　在选择种鸽时应全面考察外部体型和生产能力。

1）繁殖力　如果引进的种鸽能年孵化 10 次、生产 20 只乳鸽，这是繁殖力非常理想的种鸽。一般只要每年能自然繁殖 8 对乳鸽，就属高产种鸽。因此，需要高度重视引种工作，不能盲目引种，以免造成无法挽回的经济损失。

2）适应性　地方鸽种经过长期的自然选择和人工选择，具有良好的抗病、抗寒、耐热、耐粗饲等能力，适应力强。在引种时，应结合当地的气候、地理位置、饲料、保健砂、水质等进行考察，以评价是否适合当地饲养。

3）体型羽色　羽毛紧密有光泽，躯体、脚、翅膀均无畸形；眼睛明亮，彩虹清晰，胸部龙骨直而无弯曲，健康有精神。

目前国内生产符合上述良种标准的肉鸽品种并不多，市场上品种繁杂，鱼目混珠现象严重，所以引种时要谨慎，可在当地肉鸽协会帮助下引进新品种，切勿乱引乱配。

26 肉鸽选种的操作流程及注意事项有哪些？

选种的目的在于提高种鸽的生产性能和乳鸽的品质。选种时应从个体品质、系谱和后裔等方面进行综合考察，对比、分析。

（1）个体品质鉴定　主要是以本品种的优良性状或育种目标为依据进行选择，包括外貌鉴定和生产力鉴定两部分。

1）外貌鉴定　通过肉眼观察和手摸去判断鸽的发育和健康状况是否良好，从而确定该鸽是否可留作种用。良好的肉用鸽具有以下一些外貌特征：胸宽、体圆而短、腿粗壮；眼睛虹彩清晰，羽毛紧密而有光泽，躯体、脚及翅无畸形；龙骨直而不弯，也不太突出。具备以上特征的鸽，可初步定为良种。

2）生产力鉴定　外貌鉴定初步定为良种以后，还要进一步进行生产力的鉴定。主要是根据乳鸽的生长和育肥性能来判断，也考虑亲鸽繁殖能力和抗病能力等遗传因素。乳鸽生长得如何，可用交售期（25～28日龄）的活重作标准。一般25日龄活重达到0.6千克以上为上等，0.5～0.6千克为中等，0.5千克以下为下等。在鉴定乳鸽体重时，还要考虑饲养条件。如果是饲养条件比较差的，如有的农家养鸽饲料单一，鸽的生长发育受限制，遇到这种情况，应参照亲鸽体重，把应有的生产潜力估计进去，才能做出客观的品质评定。乳鸽的育肥能力是指在20日龄以后的育肥期间，商品乳鸽增加体重和积贮脂肪的能力，一般用日增重（克）来表示。日平均增重达到30克的属于高产。多产是肉鸽育种的主要指标，应选择年产7对以上的亲鸽繁殖的后代作种用；年产少于7窝的鸽，从经济效益角度考虑就应淘汰。

（2）系谱鉴定　生产实践表明，亲鸽如果都是优良个体，所产生的后代一般也优良。因此，在选种时往往要考虑种鸽的来源，也就是要进行系谱鉴定。系谱是指鸽近祖的有关资料，通常由种鸽场记录保存，大型种鸽场都建立有系谱档案。通过对系谱的分析，养鸽者可以了解每只种鸽的历史情况和遗传特性，供选种参考。

（3）后裔鉴定　后裔鉴定就是通过测定后代的生产性能来鉴定种鸽优劣。方法有以下三种。

1）后裔与亲代比较　以第二代母鸽的配对繁殖生产性能同亲代母鸽进行比较，如"女儿鸽"平均成绩超过"母鸽"的成绩，则说明"父鸽"是良好的种鸽；反之，则说明"父鸽"是退化者。以P代表"父鸽"成绩，D代表"女儿鸽"成绩，M代表"母鸽"成绩。按公式P＝D－M计算，如果得到的结果P为正数，则"父鸽"为优良者；如果P为负数，则"父鸽"为退化者。

2）后裔与鸽群比较　以种鸽所产后裔的生产指标与鸽群的平均指标作比较，如后裔的生产指标高于鸽群的平均指标，则这种鸽为优良者，相反则是退化者。

3）进行后裔鉴定时的注意事项　①要全面鉴定。后裔鉴定不能只根据某一项指标，必须全面考察抗病力、饲料利用率、生长发育、体型、体质、产孵、育雏、乳鸽育肥能力等性状后，才能做出结论。②要取平均值鉴定。优良种鸽有时也会产出一些劣种后裔，因此要作多窝考察，取平均值来鉴定，不能根据一两窝或几只后裔就作出鉴定。③要保证被鉴定的后裔有良好的生长条件。后裔品质的优劣与双亲的遗传性有密切关系，但受生活环境条件影响更大。因此，在进行后裔鉴定时，应给后裔以相应的生长发育条件。

（4）一般商品鸽场选种小窍门　商品鸽场不具备系谱和后裔鉴定条件的，可遵循下列原则选种。

1）选择繁殖力强的亲代种鸽　鸽1年能孵化11次，即33天产蛋1次，其中孵化用18天、养乳鸽15天，这是一个很理想的数字。实际上如果不采用现代高科技手段，这样高产的纪录很少出现。一般种鸽在40～45天能繁殖1对乳鸽，即每年繁殖8对，孵化、育雏又比较正常，就可算为高产良种。

2）选择损失率较低的家系　损失包括产单蛋、无精蛋、发育终止蛋、死胚、雏鸽孵化出壳后当天死亡、育成鸽育成过程中死亡等。在鸽群中，正常的损失率一般是25％。若小鸽场及家庭饲养的损失率为5％～18％，就比较好。留下产蛋数多、损失率低的种鸽后代作种，比多产与损失率高的要好。

3）选择温驯的种鸽　温驯的鸽便于管理。温驯的后代往往取决于温驯良好的母性，这种特性能够遗传，因此要尽量留下这种鸽的后代作种。

4）选择秋季不停产的种鸽　一般种鸽在秋季换羽会停产1～2个月。而良好的种鸽在秋季换羽期间（8—9月）也能继续繁殖，这是高产的重要特征。

5）要求种鸽勤哺乳　这是优良种鸽的重要标志。观察每对鸽，可以发现有的亲鸽喂仔很勤，有的连刚离巢而不属于自己的仔鸽也喂。这种母性特强的种鸽，能养出肥壮的小鸽，这种小鸽留种以后也比较强健。所以，应选留特别会喂仔的种鸽的后代作种。

6）要求抗病力强　同一群鸽中，没有传染病史的亲鸽繁殖的后代健康旺盛，抗病力较强。选留这样的后代作种，可使下一代从遗传上获得抗病能力，鸽群会一代比一代强。

7）理想体重　从商品价值考虑，肉用鸽留种的理想体重是0.75千克。实践证明，体重轻于0.6千克的母鸽很难育出0.75千克以上的乳鸽，体重大于0.85千克的亲鸽年繁殖数大多达不到7对。所以，低于0.6千克、高于0.85千克的种鸽的后代均不宜留种。

27 种鸽场的建设规范、生产标准、申报条件及管理要求有哪些？

（1）种鸽养殖涉及的主要法律法规　《中华人民共和国畜牧法》、《中华人民共和国动物防疫法》、《畜禽规模养殖污染防治条例》（国务院第643号令）、《畜禽标识和养殖档案管理办法》（农业部第67号令）、《动物防疫条件审查办法》（农业部令2010年第7号），以及地方性的法规和规章等。

《畜牧法》第二十二条：从事种畜禽生产经营或者生产商品代仔畜、雏禽的单位、个人，应当取得种畜禽生产经营许可证。申请人持种畜禽生产经营许可证依法办理工商登记，取得营业执照后，方可从事生产经营活动。

第二十五条：禁止任何单位、个人无种畜禽生产经营许可证或者违反种畜禽生产经营许可证的规定生产经营种畜禽。

第六十二条：违反本法有关规定，无种畜禽生产经营许可证生产经营种畜禽的，由县级以上人民政府畜牧兽医行政主管部门责令停止违法行为，没收违法所得；违法所得在 3 万元以上的，并处违法所得 1 倍以上 3 倍以下罚款；没有违法所得或者违法所得不足 3 万元的，并处 3 000 元以上 3 万元以下罚款。

第二十四条：规定了许可证的分级管理。

种畜禽生产经营许可证实行分级审核发放，按照"谁主管、谁审批、谁负责"责权一致的原则。除国家核发权力外，具体内容由各省级人民政府制定。

一般依据申请的经营范围和规模由相应的畜牧兽医行政主管部门审批。

案例：江苏省许可证发放

家畜卵子、冷冻精液、胚胎等遗传材料的种畜禽生产经营许可证，以及《江苏省畜禽遗传资源保护名录》所列畜禽遗传资源的种畜禽生产许可证，经所在地县（市、区）设区市畜牧兽医行政主管部门审核发放。其他种畜禽生产经营许可证，由所在地县（市、区）畜牧兽医行政主管部门审核发放。

取得种畜禽生产经营许可证应当具备下列条件。①生产经营的种畜禽必须符合下列条件之一：通过国家畜禽遗传资源委员会审定或者鉴定的品种、配套系；经批准引进的境外品种、配套系；列入《中国畜禽遗传资源志》的品种。②有与生产经营规模相适应的畜牧兽医技术人员。③有与生产经营规模相适应的繁育设施设备。④具备法律、行政法规和国务院畜牧兽医行政主管部门规定的种畜禽防疫条件。⑤有完善的质量管理和育种记录制度。⑥具备法律、行政法规规定的其他条件。

《畜牧法》规定的取得种畜禽生产经营许可证应当具备的条件都是原则性要求，各省份在制定具体规定的时候，在申请条件、核发程序、许可证管理等方面都会有具体规定，各地的情况可能不一定相同，故申请单位应按照当地规定条件和要求来申请核发许可证。

（2）种鸽场建设基本要求

1）种鸽来源

①品种确定：必须是国家认可的品种（配套系）。

②申请的级别：经营的代次和生产规模数量。

③种源引进证明材料：a. 国内引进。需提供包括引种来源及数量证明、供种单位许可证复印件、系谱资料、发票等资料，所有材料加盖供种方的单位公章。b. 自行培育品种。提供《畜禽新品种证书》。c. 国外引进。提供境外引种审批件、进关材料、引种证明、系谱资料及发票等，加盖供方公章或签字。d. 层级为具备同级或上一级资质的企业。

2）选址布局

①原则：根据鸽的生产生活习性，从利于生产、管理、防疫和经济实用等要求出发进行选址和布局。

②选址：地势高燥，远离交通要道和居民生活区，水源充足，防疫隔离条件良好，符合环保要求。

③布局：办公区、生活区、生产区、污物处理区分开且布局合理，净道、污道分开；鸽舍要按照生产流程和防疫要求布局。

3）基础设施和生产设备　鸽舍分为群养式鸽舍和笼养式鸽舍两类，种鸽养殖应建笼养鸽舍；鸽舍面积应和鸽群规模相对应，并且不同饲养阶段的鸽舍比例要适当。

各种饲养管理设备先进可行，配套齐全，包括生产设备、环境控制设备、粪污处理设备等。

鸽场门口设有车辆消毒和人员更衣消毒等设施。另外，水、电、路配套。

4）生态环保　《畜禽规模养殖污染防治条例》第十一条规定，禁止在下列区域内建设畜禽养殖场、养殖小区：饮用水水源保护区，风景名胜区；自然保护区的核心区和缓冲区；城镇居民区、文化教育科学研究区等人口集中区域；法律、法规规定的其他禁止养殖区域。

5）环境评估

《畜禽规模养殖污染防治条例》第十二条：新建、改建、扩建畜禽养殖场、养殖小区，应当符合畜牧业发展规划、畜禽养殖污染防治规划，满足动物防疫条件，并进行环境影响评价。对环境可能造成重大影响的大型畜禽养殖场、养殖小区，应当编制环境影响报告书；其他畜禽养殖场、养殖小区应当填报环境影响登记表。

第十三条：畜禽养殖场、养殖小区应当根据养殖规模和污染防治需要，建设相应的畜禽粪便、污水与雨水分流设施，畜禽粪便、污水的贮存设施，粪污厌氧消化和堆沤、有机肥加工、制取沼气、沼渣沼液分离和输送、污水处理、畜禽尸体处理等综合利用和无害化处理设施。

违反规定的处罚：

第三十八条：违反本条例规定，畜禽养殖场、养殖小区依法应当进行环境影响评价而未进行的，由有权审批该项目环境影响评价文件的环境保护主管部门责令停止建设，限期补办手续；逾期不补办手续的，处5万元以上20万元以下的罚款。

第三十九条：违反本条例规定，未建设污染防治配套设施或者自行建设的配套设施不合格，也未委托他人对畜禽养殖废弃物进行综合利用和无害化处理，畜禽养殖场、养殖小区即投入生产、使用，或者建设的污染防治配套设施未正常运行的，由县级以上人民政府环境保护主管部门责令停止生产或者使用，可以处10万元以下的罚款。

6）卫生防疫　①防疫设施：场内设有消毒室、隔离舍、兽医诊断室、无害化处理设施等。②疫病检测实验室：开展常见疫病的抗体监测和常规化验。③防疫制度完善：具有符合本场实际的免疫程序和环境净化措施。④依法取得《动物防疫条件合格证》。

7）饲养管理　①能够制订适宜于本场实际的生产及饲养管理操作规程并有效实施；②按照营养标准配制日粮，满足种鸽不同生理阶段的营养需要；③建立有生产经营的各项管理制度和岗位责任制，各项规章制度上墙。

8）技术力量

①总体要求：有与生产经营规模相适应的畜牧兽医技术人员（技术人员学历、职称、数量等要求）。

②管理人员：熟悉种畜禽生产技术及相关法律法规。

③技术人员：应掌握种畜禽生产的专业理论和知识；从事种鸽繁育的技术人员必须参加职业技能鉴定培训，并取得资格证书。

④饲养人员：应参加岗前培训，生产中需定期培训，并有相应的培训证书或记录。

9）生产水平　①种鸽的外貌特征和生产力指标均符合品种标准要求；②种鸽场的繁殖率指标达到本品种标准；③建立详细的系谱档案；④种鸽群血统年更新率30％以上，无近亲繁殖现象；⑤按照种鸽性能测定技术规程制订场内测定方案和操作规程，开展种鸽测定工作。

10）档案资料

①《畜牧法》规定畜禽养殖场应当建立的档案。

日常生产类：畜禽的品种、数量、繁殖记录、标识情况、来源和进出场日期；

投入品类：饲料、饲料添加剂等投入品和兽药的来源、名称、使用对象、时间和用量等有关情况；

防疫监测类：检疫、免疫、监测、消毒情况；

诊疗类：畜禽发病、诊疗、死亡和无害化处理情况；

另外，包括畜禽养殖代码，以及农业部规定的其他内容。

②种鸽场还需要具备的主要档案资料：制订一套完整的种鸽选育计划，包括选育方案、性能测定方案、生产计划、生产统计报表等。有配种、生长发育、生产性能测定、种鸽卡片等完整系统原始记录和统计分析资料。有明确的供种质量标准。销售种鸽的品种、品系均达到该品种、品系的合格标准，出售种鸽必须附具《种畜禽合格证》和系谱资料。

③档案资料中主要存在的问题：没有档案资料记录，或记录不齐全，缺少反映生产性能有关的重要项目；档案资料记录不规范，纸张、用笔等比较随意；缺少数据统计分析；随意存放，没有装订成册存档，容易丢失。

（3）种鸽场审核发证程序和要求　依据《行政许可法》和《畜牧法》，分为5个步骤（图2-5）。

1）申请　从事种畜禽生产经营的单位和个人，应当向相应的畜牧兽医行政主管部门提出书面申请。提交的材料主要有（因地而异）：①种畜禽生产经营许可证申请表；②种畜禽来源说明；③生产场地及设施设备说明，包括申请单位平面布局图、周边环境示意图、畜禽舍和生产设备情况、养殖废弃物处理设施说明等；④卫生防

图 2-5　种鸽场审核发证程序

疫条件说明，包括动物防疫条件合格证复印件、卫生防疫制度等；⑤质量管理和育种记录资料，包括选育方案、性能测定方案、育种档案（原始记录及统计分析资料）、系谱资料、品种标准、与质量管理有关的技术规程和制度；⑥技术力量说明，包括主要技术人员的毕业证书、学位证书、专业技术资格证、职业技能鉴定证书等复印件；⑦申请单位企业法人营业执照或事业单位法人登记证、法定代表人或负责人身份证等复印件；⑧法律、行政法规规定的其他材料。

2）受理　按照分级管理的原则由相应级别畜牧兽医行政主管部门负责受理种畜禽生产经营许可证申请，并进行形式审查。

3）初审　受理部门对申请材料的技术内容进行初步审核。初审合格的，通知申请人做好现场考核的准备工作或按照核发权限逐级上报；初审不合格的，应当书面告知，并详细阐明理由。

4）现场考核　受理部门组织考核小组进行现场考核：包括查看现场，查验证书，查阅资料，法律法规、业务知识考核，出具现场考核意见。

5）审核与发证　行政主管部门对现场考核意见进行审核，审核合格者，发放种畜禽生产经营许可证。

时限要求：20 个工作日内完成审批工作，但依法进行的现场考核所需的时间不计算在内。

（4）许可证管理要求　①许可证有效期为 3 年。期满必须重新申请核发。②禁止任何单位、个人无种畜禽生产经营许可证或者违反种畜禽生产经营许可证的规定生产经营种畜禽。禁止伪造、变造、转让、租借种畜禽生产经营许可证。③销售种畜禽，不得有下列行为：以其他畜禽品种、配套系冒充所销售的种畜禽品种、配套系；以低代别种畜禽冒充高代别种畜禽；以不符合种用标准的畜禽冒充种畜禽；销售未经批准进口的种畜禽；销售未附具规定的种畜禽合格证明、检疫合格证明的种畜禽或者未附具家畜系谱的种畜；销售未经审定或者鉴定的种畜禽品种、配套系。

随着人们生活水平的不断提高，人们对肉类食品的品种和质量要求也日益强烈，传统的养殖业已无法满足人们的这种需求，而特种养殖业以其很强的发展潜力及非常大的市场潜力成为养殖业的热点。其中肉鸽因其营养价值高，肉味鲜美，饲养经济效益好而具有十分广阔的发展前景。

28 公鸽的生殖生理特点是什么？

（1）生殖器官 公鸽的生殖系统是由带附睾的1对睾丸、2条输精管和在输精管末端的可勃起的射精管构成（图2-6）。公鸽没有哺乳动物的前列腺、尿道球腺等附属腺体，但射精时自输精管排出的精液被位于输精管末端的腺管体分泌少量液体所稀释。此外，公鸽与公畜不同的是睾丸在体内。

1）睾丸 公鸽睾丸呈豆形，悬于脊柱两侧肾脏前端的正下方，一般为灰白色。成年家禽的睾丸重量为其体重的1%～2%。

2）附睾 位于睾丸背侧，被睾丸总囊所包围着，呈长椭圆形，为深黄色，易与睾丸区别开来。与家畜相

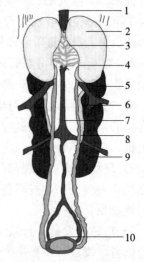

图2-6 公鸽生殖器官
1. 后腔静脉 2. 睾丸 3. 睾丸系膜
4. 附睾 5. 髂静脉 6. 输尿管
7. 主动脉 8. 输精管 9. 肾脏
10. 泄殖腔

比，公鸽的附睾较小且又不发达，只有在睾丸活动期才有明显扩大。

3）输精管　位于脊柱两侧，是从附睾到泄殖腔的细曲管。附睾及输精管为精子成熟的地方，也是精液贮藏场所。当交配或采精时，精液借管壁收缩而被排出。

公鸽没有真正的交配器官，只不过在泄殖腔的腹侧有两个短而可勃起的乳嘴（图 2-7），精液从中射出。

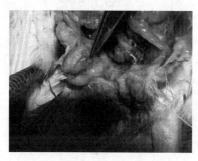

图 2-7　乳　嘴

（2）性发育和精子发生　鸽在 30 日龄后，其睾丸的生长速度相对地大于其体躯的生长速度，并且在 90～100 日龄时，输精管内已充满了乳白色精液。

精子在精细管中形成后，在经过附睾和输精管时有一个成熟过程，从而获得使禽卵受精的能力。科研人员曾将鸽睾丸中剖出的精子直接给母鸽人工授精，结果表明这时的精子没有受精能力；从附睾中取得的精子，只能使母鸽产卵总数的 19％受精；而从输精管下部取得的精子，能使产卵总数的 65％受精。

精子获能是精子在母体生殖道内进行的一种生物学成熟过程。正常射出的精子虽然经过附睾和输精管的成熟过程，但还需要在家禽母体生殖道中获能，这对卵子正常受精和胚胎进一步发育起重要作用。在家禽中的许多研究表明，给母禽阴道始端输精对精子的获能、精子在输卵管中保存，以及输卵管的调节和抗菌作用有利。

29 母鸽的生殖生理特点是什么？

（1）母鸽生殖系统　见图2-8。

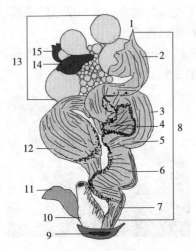

图2-8　母鸽生殖系统

1. 卵巢　2. 漏斗部　3. 膨大部　4. 输卵管系膜
5. 峡部　6. 子宫部　7. 阴道　8. 输卵管部　9. 泄殖腔
10. 直肠　11. 退化右侧输卵管　12. 有蛋存在的膨大部
13. 卵巢部　14，15. 排卵后的卵泡膜

1）卵巢　母鸽只有一个卵巢，位于腹腔中线稍偏左侧，在肾脏前叶的前方，并借卵巢系膜韧带悬于背壁，由含有卵母细胞的皮质及内部的髓质所组成。在性成熟时，皮质和髓质的界线就消失了。性成熟时，母鸽的卵巢呈葡萄状，其上面有许多大大小小发育不同的白色卵泡。每个卵泡内含有一个生殖细胞，即卵母细胞。一个成熟的卵巢，肉眼可见很多卵泡，在显微镜下还可观察到更多，但实际上发育成熟而又排卵的，为数很少。卵巢、卵泡的生长发育受垂体分泌的促性腺激素影响。而卵巢本身除产生卵子外，又能分泌雌激素影响其他生殖器官，如输卵管的生长，耻骨及肛门增大、张开，以利于产蛋。

2）输卵管　是一条弯曲长管，管壁上有许多血管，有弹性，以适应发育卵在直径方面的巨大变化。前端开口于卵巢下方，后端开口于泄殖腔，共分为漏斗部（又称伞部）、膨大部（蛋白分泌部）、峡部、子宫、阴道五个部分。正在产蛋的母鸽输卵管粗且长，几乎占满左侧腹腔，输卵管各部位在卵的形成中都有其特殊作用。

①伞部：位于卵巢正后方，在排卵后吞入或摄取卵黄。

②膨大部：分泌浓白蛋白。

③峡部：分泌卵壳膜。

④子宫（又称蛋壳腺）：分泌卵壳。

⑤阴道：有助于排出完全成熟的卵。

（2）卵子的发育、卵黄的形成、排卵及受精

1）卵子的发育　卵子是在卵巢上发育长大的，鸽雌性胚胎的性腺在孵化5～6天时已完成，孵化中期生殖细胞迅速增殖成为卵原细胞，到孵化后期或出壳后，卵原细胞生长并变成初级卵母细胞。以后持续数月一直到性成熟，排卵前1～2小时才发生核的减数分裂，形成次级卵母细胞。排出的卵是次级卵母细胞，如果不受精，蛋作为次级卵母细胞而产出体外的，并非是完全成熟的卵子。

2）卵黄的形成　影响卵巢、卵泡生长发育的卵泡刺激素，在性成熟将要到来之前便开始大量分泌。卵黄开始一个接一个地快速生长，在7～10天内卵黄达到成熟大小，它们在这个短时间内增生约十几倍。当卵黄增大时，胚盘移往表面外周。在胚盘移行的通道有淡色卵黄填充，并形成卵黄心的颈。

3）排卵　卵黄达到成熟时，则从卵泡表面的一条无血管区称"卵带区"破裂排出。排卵诱导素分泌的机制，是由于卵巢分泌的雌激素对下丘脑的作用，即雌激素刺激下丘脑，再由下丘脑的神经体液作用于垂体，使垂体分泌排卵诱导素，随之发生排卵。卵从卵泡排出后，余下的卵泡膜皱缩成一薄壁空囊，它仍附着在卵巢上，但其构造和生理方面与哺乳动物的黄体不一样，到排卵后的第10天缩皱成遗迹，1个月左右便消失。

4）受精　受精作用就是精子与卵子相互结合、相互同化的过

程。当精子进入卵子后，激活了卵子，使卵子继续发育成为受精卵。在受精过程中接近卵子的精子数量众多，最后只有一个精子与卵子结合，但其他精子的协同作用也是非常重要的。因此，在生产中要想获得理想受精率，必须使母鸽输卵管内保持一定数量的精子。当精子钻入卵子后，卵子即完成了第二次减数分裂，精子核在卵内迅速膨大，称为雄原核，雄原核与雌原核结合后，形成合子，并开始发育进入卵裂阶段。

30 母鸽的产蛋机制是什么？

　　作为典型的"一夫一妻制"社会性鸟类，在正常配对条件下，性成熟母鸽接受适宜的光周期变化刺激，在下丘脑-垂体-卵巢生殖轴中，位于下丘脑的光感受器将光周期变化信号转换为神经冲动，促进下丘脑促性腺激素释放激素 GnRH 的释放，二者调节机体分泌卵泡刺激素（FSH）和促黄体生成素（LH）。FSH 和 LH 是调节卵泡发育和排卵产蛋的关键因子，前者刺激卵泡芳香化酶的表达，协同 LH 刺激雌激素 E2 的合成，只有 E2 和 FSH 受体水平较高的卵泡才能优先进入等级发育，成为成熟卵泡，反之则趋向于闭锁并被卵巢吸收。与鸡不同的是，鸽因保持就巢性而存在较长的产蛋间隔，而 FSH 和 LH 激素属于脉冲式释放，母鸽产蛋期高水平的 FSH 和 LH 诱发母鸽在 48 小时内连续产 2 枚蛋，但少数情况下由于激素分泌水平和等级卵泡发育障碍，第 2 枚蛋也会出现不产或延迟产出的现象。在实际生产中，性成熟母鸽接受的配对刺激可以来自同一笼的公鸽，或者是产生同性恋倾向的母鸽，甚至是不同笼但同一可视群体中的其他鸽，然而不同的刺激来源最终诱导母鸽产蛋间隔有所不同。通常同一笼位中公母配对条件下的母鸽产蛋间隔较为稳定，双母配对的母鸽产蛋不够稳定（详见问题 53），而接受来自同一群体不同笼位其他鸽刺激的母鸽产蛋则最不稳定（中国农业科学院家禽研究所卜柱、谢鹏等）。

　　当然，影响母鸽产蛋因素还有很多，如品种、环境、营养、免疫等。

31 肉鸽的自然繁殖过程及注意事项有哪些？

鸽的繁殖能力因品种不同而异，通常5月龄配对，6月龄左右开产。鸽正常可利用3～5年，一般5岁后繁殖能力开始衰退，5～7岁公鸽仍可配种，饲养好的10岁以上仍有繁殖能力。群养自然繁殖每年产7窝左右，个别产蛋高的可达9～10窝，最高产达11窝。种鸽达到一定体重以后，个体越大，产蛋周期越长。体重在0.5～0.7千克的高产种鸽，每年可产9～10窝；而0.75～0.9千克的种鸽每年至多产5～6窝。大种鸽还有经常踩烂蛋和不会喂仔等缺点。因此，在目前的技术条件下，评定优良种鸽并不是越大越好。

(1) 肉鸽的正常发育繁殖过程　种鸽在正常情况下35～40天产蛋1次（现在人工培育的高产种群31～35天产蛋1次）每次产蛋2枚，孵化期18天（夏天稍提早，冬天稍推迟）。8—10月是鸽的换羽期，此时产蛋少或停产（高产种群换羽期不停产）。同窝孵出的多数为兄妹鸽（即一公一母），体大者为公，体小者为母，也有两只都是公鸽或母鸽的。雏鸽从出壳到自己会采食需要25～30天。一般30日龄的雏鸽可离窝，40日龄的幼鸽会飞翔，50日龄的幼鸽开始换下第一根翼羽（初级飞羽），俗称"吊一"，以后每隔15～20天换下一根翼羽，但也有开始时两根翼羽同时脱换的，体弱或疾病会使幼鸽推迟或停止换翼羽。

1) 配偶　幼鸽一般4.5～5月龄开始发情（早熟品种4月龄开始发情），此时只是性成熟，还未达到体成熟，所以不宜繁殖。但在自然群养条件下，会出现早配早产，由于生理上的因素，这样繁殖的第一窝仔很难成活（个别早熟品种例外）。鸽长到6月龄，可以交配正常繁殖。一般家庭初学养鸽，最好选购青年预备种鸽，宜购3月龄（90天）青年种鸽，购来后饲养观察1个多月，种鸽适应并开始发情。5月龄（公鸽开始追逐母鸽的时候）鸽在鸽群中已自然配好对，可以将配对公母分别捉进鸽笼，自然繁殖。有经验的鸽场饲养数量较多的，可以批量购进2～3月龄的幼鸽，分40～50

对为1群，分群养到自然配对，然后逐步将自然配成对的种鸽移入繁殖种鸽舍。也可将后备青年鸽分性别分群饲养，5月龄强制配对。

2）产蛋、孵化和育雏　鸽交配7～9日后便开始产蛋，通常是第一天产1枚，隔1～2天再产1枚（一般产蛋间隔36～48小时）。有的年轻种鸽产下第一枚就开始孵化，而多数经产鸽都是在产下第二枚蛋以后孵化。在孵化过程中，公、母鸽轮流孵蛋，一般母鸽孵蛋时间在下午5时至第二天上午9时左右，公鸽孵蛋在上午10时至下午4时左右。这个轮换时间随地区的不同稍有差异，但在通常情况下，白天的中午多由公鸽孵蛋，夜间多由母鸽孵蛋。亲鸽对所孵的蛋十分爱护，假如公鸽在孵化时间偶尔离巢，母鸽会主动接替，不让蛋受凉。

有人说，鸽孵的蛋人不能摸，摸了之后鸽就不孵化了，这是没有科学根据的。事实上，鸽孵蛋以后，还可以拿出来照蛋检查。鸽蛋经过孵化4～5天后，可以进行第1次照蛋，将蛋对着电灯泡或电筒，如发现蛋内血管分布均匀，呈蜘蛛网状而且稳定，则为受精蛋；若蛋内血管分布不均匀，而且不呈现网状，蛋黄浑浊、血管分散并随蛋转动，则为死精蛋；若蛋内无血管分布，经过1～2天再检查，仍无血丝，则为无精蛋或胚胎受冻不能发育。对于无精和死精蛋，应中断孵化。孵到第10天进行第2次照蛋，在灯光下发现蛋的一侧乌黑，另一侧由于气室增大而形成空白，则为正常发育；若蛋内容物如水状，可摇动，壳呈灰色，则为死胚。两次照蛋看到的情况见图2-9。发育的蛋再孵8天后，幼雏便将蛋壳啄成一环状孔，随即脱壳而出。

雏鸽一般会自己出壳。由于水分蒸发过多，有时雏鸽啄壳后仍不能脱壳而出，应人工辅助剥离蛋壳，一般剥离1/3的蛋壳即可帮助雏鸽脱壳。有时孵化超过18天仍不见雏鸽喙壳，也应人工剥壳，剥壳时如发现血水应立即停剥，并将蛋放回巢窝继续孵化，经几小时后雏鸽便可出壳。发现血水后如果继续剥壳，雏鸽即使出壳，也会因尚未发育完全而养不活。

 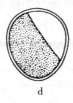 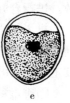

a   b   c   d   e

图 2-9   两次照蛋示意图

孵化后 4～5 天：a. 受精蛋 b. 死精蛋 c. 无精蛋

孵化后 10 天：d. 正常发育蛋 e. 死胚蛋

在雏鸽出壳前 2～3 天，母鸽为哺育幼雏开始作准备，进食量比平时增多。雏鸽出壳后，亲鸽的嗉囊在垂体激素的作用下分泌出一种乳状的特殊液体，称为鸽乳，用来育雏。哺乳时，亲鸽和雏鸽嘴对嘴喂食。以后随着雏鸽发育长大，亲鸽逐渐改用食进嗉囊中已软化的饲料来灌喂。公、母鸽都能分泌鸽乳，共同哺育。公鸽也能泌乳和哺育，这是鸽突出的生理特性。在育雏期间，如果亲鸽中有一只不幸死去，另一只仍能坚持哺育，直到雏鸽可以独立生活为止。也有个别不哺育的，遇到这种情况，可将幼雏放到大致同龄的雏鸽窝中寄养，让"保姆鸽"将它养大。如改用人工哺喂小粒软化食物，虽能养活，但雏鸽身体虚弱。

（2）自然繁殖注意事项

1）选种要注意三个环节　一般良种肉鸽 1 月龄体重达 0.55 千克以上可选作种用，但以性成熟时母鸽 0.55～0.65 千克、公鸽 0.60～0.75 千克为好，优良的种鸽繁殖场选种原则是低于 0.5 千克和高于 0.85 千克的种鸽都淘汰。同窝的一对兄妹应拆开配对，防止近亲繁殖造成品种退化，配对繁殖后，还要连续考察 3～4 窝。凡是连续产 1 枚蛋的、孵蛋常踩烂蛋的、不会喂仔或懒喂仔的，都要淘汰。

2）拼蛋孵化　同时有几窝都是产 1 枚蛋的，可以两三窝合并作一窝孵化。孵到中途若有死胚蛋，除掉后，剩下单个发育正常的蛋，也可以两三个合在一起孵化，途中有个别先出仔，剩下的蛋可移给另一窝孵化。总之，在孵化过程中蛋是可以按入孵时间大体一致，进行合并和随意调换的。

拼蛋孵化可以提高产鸽的孵化效率，缩短产鸽的繁殖周期，提高乳鸽产量，节约饲料。但是，必须具备相应的条件，并掌握相应技术，拼蛋孵化才能成功。

①拼蛋孵化的条件：运用生态同步技术。同天产蛋拼孵，要隔一窝拼一窝。科学搭配全价颗粒饲料，否则乳鸽不能按时出笼。

②拼蛋孵化的关键技术：拼仔饲养数目与孵蛋（含模型蛋）的数目要相同，真蛋与模型蛋大小要相等。

拼蛋入孵要对每个蛋进行记录编号，以便在照蛋捡出无精蛋和死胚蛋时，能及时查出产下无精蛋和死胚蛋的产鸽，并对其作出相应的处理。

产鸽一窝孵3枚蛋，少数孵4枚蛋。具体做法是在同一天产下的蛋，把带仔的产鸽下的第一枚蛋，拿出来加到没有带仔或已经调走一枚蛋的产鸽巢内让其孵3枚蛋，同时做到隔一窝拼一窝，以保证产鸽健康和利用的连续性。少数孵化初期孵4枚蛋，用于补充在照蛋时捡出的无精蛋、死胚蛋，以保证产鸽始终能孵上3枚蛋，提高孵化效率。

产单蛋、沙壳蛋、软蛋主要是因母鸽的卵巢疾病或营养缺乏引起的，应当让其休孵一窝，使母鸽有足够的时间来修复卵巢的损伤或储备营养以保证下一窝产蛋正常。

连续产无精蛋多是公鸽的原因，有条件的可及时调换公鸽；没有条件的，可安排这类公鸽专门孵蛋、带仔、当保姆鸽。

产鸽孵3枚蛋一般要18~20天才能出壳，而18~20天内鸽乳的成分和产量都是不同的。因此，为了让雏鸽采食到相应日龄的鸽乳，要对出仔先后的蛋进行最后一次调整，具体做法：在产鸽孵蛋到第18天时，检查出壳情况，以便于调整。以第19天出完壳为例，把第18天啄壳蛋调到19天，把第19天没有啄壳的蛋调到18天，这样孵到19天的蛋基本全部啄壳。这时要把啄壳洞大的放在一起，啄壳洞小的放在一起，啄壳洞接近的放在一起。

③建立专门产蛋鸽群：有的优良种鸽产蛋多且品质好，就是不

会孵蛋和育雏。可让这种鸽专门产蛋，产出的蛋全部移给会孵蛋育雏的小种鸽孵化，而将小种鸽产的蛋作为菜蛋处理，这样可提高生产效率和肉鸽的品质。在大型鸽场常用这一方法来育种。但切记专门的产蛋鸽群连续产蛋4~5窝后，也要安排其自行孵化和哺育1~2窝，以保持其连产性和较高的受精率。

32 鸽蛋人工孵化技术规范及注意事项有哪些？

肉鸽的人工孵化技术是肉鸽养殖场实现规模化、科学化的必然之路。目前已有很多养鸽场开展人工孵化工作，促进了肉鸽养殖行业的发展。

（1）人工孵化操作流程　见图2-10。

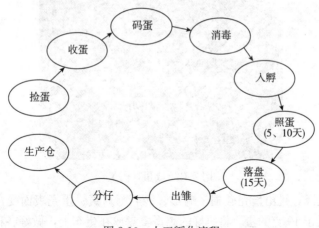

图2-10　人工孵化流程

1）捡蛋　对生产鸽舍进行编号，鸽舍内的每对产鸽也要进行编号。生产操作过程中按编号记录生产数据和孵化数据；饲养员每天捡蛋（图2-11），在蛋上写产鸽的编号，蛋盘上写鸽舍号和捡蛋日期。以当天捡蛋数的2/3作为参考，换放模型蛋，必要时根据实际情况（每窝并仔数量、天气因素、受精率和孵化率等）作出适当的调整。

2）收蛋　每天下午为收蛋时间，饲养员将当天捡的蛋用蛋桶送至孵化室。饲养员每次送蛋到孵化室时，要抄取前一批孵化无精蛋的编号和数量、10天死胚蛋和清盆死胚蛋的数量，并签收当天的领仔单，将以上数据记入生产数据表（图2-12）。

3）码蛋 入孵的鸽蛋需经过仔细挑选。合格的蛋壳应完

图2-11 捡蛋

图2-12 收蛋、码蛋

整有光泽，挑出蛋壳破损、畸形、沙壳、双黄、蛋壳表面受污染及蛋重低于19克的蛋。将码好的鸽蛋整盘放在蛋车上，做好各种登记和标识（图2-12）。

4）消毒 将蛋车推入消毒柜内进行消毒（图2-13）；消毒液的配制：每立方米用甲醛14毫升、高锰酸钾7克；熏蒸时间为30分钟。特别提醒，种蛋消毒是有效控制传染病传播和提高乳鸽成活率的基本保障，需要引起足够的重视，设专门的消毒箱，将种蛋消毒后再入孵。

5）入孵 将已消毒好的鸽蛋放入孵化机内入孵，天气较冷时可先将入孵蛋预热到30～35℃，再入孵。

6) 照蛋　见图 2-14。

图 2-13　消　毒

图 2-14　照　蛋

第一次照蛋：孵化 5 天后进行第一次照蛋，照蛋前先准备手电筒、蛋盆，取出要照的蛋盘，放于照蛋器上，用手电筒逐个照，将无精蛋剔除，并做好登记和标识。

第二次照蛋：孵化 10 天后进行第二次照蛋，将要照的蛋盘放于照蛋器上，用手电筒逐个照，剔除死胚蛋，并做好登记和标识。

7) 落盘　落盘前准备好已清洗消毒好的出雏盘（图 2-15）。从孵化机中取出要落盘的蛋盘，将鸽蛋放入出雏盘内；落入出雏盘内的蛋应摆放间隔适中，以保证通风正常。用每立方米甲醛 14 毫升、高锰酸钾 7 克对落到出雏盘的鸽蛋熏蒸消毒 20 分钟。消毒完毕后将出雏盘搬入出雏机内。

图 2-15　落　盘

8) 出雏　每天早上和下午各出雏 1 次，出雏（图 2-16）要在温棚内进行。每天上午对入孵第 18 天的鸽蛋进行一次助产，助产要在温棚内进行。对于弱雏要做好护理工作。清理入孵满 19 天的蛋，登记死胚蛋数量。要注意，不要在孵化机内出雏（图 2-17），这样不利于防疫。

图 2-16　出　雏

图 2-17　孵化机内出雏不利于防疫

9）领仔并仔　每天定时发放雏鸽，饲养员领回雏鸽，并将其放到已孵化模型蛋 17～18 天的产鸽窝中进行哺育。需注意的是领仔进入生产鸽舍时需用保温设备给雏鸽保温（图 2-18）。

（2）人工孵化的条件及控制

1）温度控制　温度是胚胎发育的首要条件，应根据不同地区的气候和环境温度来调节孵化机的温度（表 2-1）。孵化机以恒

图 2-18　领仔并仔

温方式孵化，冬天 38.1～38.5℃，夏天 37.5～38.1℃。出雏机以 37.5～38.0℃出雏，孵化室的温度应保持在 20℃以上。每天定时巡查和登记孵化机和出雏机门表温度、湿度，每天至少 2 次对比孵化机、出雏机电子显示温度与门表温度的差别，每个月定期用温度计测量孵化机的温度，出现异常及时校正。孵化机维修维护后应进行温度检测校正。

表 2-1　孵化温度控制程序

孵化日龄	孵化温度（℃）
1～5 日龄	38.2
6～10 日龄	38.1
11～15 日龄	38.0
出雏期	37.8

2）湿度控制　孵化机湿度控制在 45%～70%，出雏机控制在 50%～80%。在空气较为干燥的情况下，可用加湿器辅助。

3）通风控制　孵化前期需氧量较低，然后逐渐增加，后期应逐渐加大通风量。冬季天气寒冷，应减小孵化机和出雏机的通风量；夏季天气炎热，应增加孵化机和出雏机的通风量，并加大孵化室内外的空气流动。

4）翻蛋　孵化机的自动翻蛋设置为每 2 小时翻蛋一次（图 2-19）。

图 2-19　翻　蛋

5）其他条件及应急操作　所用温度计、湿度计应符合要求，并经过计量检定合格。停电时应按应急管理规定及时启用备用电源，以保证孵化室的运作。

33 公母鸽乳中有哪些营养成分？公母鸽乳有何差异？

鸽乳为亲鸽嗉囊表层细胞增生、分泌、脱落下来的一种富含蛋白质的物质，本质为嗉囊表皮组织脱落物。嗉囊平时不进行分泌活动，只有在垂体产生促乳素时，嗉囊表皮层细胞才开始活跃。当血液中促乳素达到峰值时，亲鸽开始育雏。公母鸽鸽乳可以看作或等同于全价乳鸽饲料，绝大多数在组成上为蛋白质和脂肪，少量糖类，含有各种蛋白酶、脂肪酶、糖酶、免疫球蛋白，以及激素，还蕴含丰富维生素、钙、磷及微量矿物元素，能够满足早期出壳乳鸽的生长发育需要。公母鸽乳成分在种类上相当，但在各组分含量上存在显著差异，公鸽鸽乳主要营养物质组分含量优于母鸽，但在激素水平、酶活性方面母鸽优于公鸽。鸽乳营养组分分析表明，公亲鸽所分泌鸽乳粗蛋白、粗脂肪、总能、磷及缬氨酸、甘氨酸含量显著高于母鸽，鸽乳钙含量公母鸽间相当。2～8日龄时，公鸽分泌鸽乳中粗蛋白、粗脂肪、总能、磷、缬氨酸、甘氨酸含量分别为38.10％、14.07％、21.51兆焦/千克、0.46％、1.48％、1.46％；母鸽分泌鸽乳中分别为35.32％、11.52％、20.93兆焦/千克、0.39％、1.38％、1.36％。

34 如何进行鸽的性别鉴定？

（1）鸽的常规性别鉴定　性别鉴定是养鸽的先决条件。在鸽群中如果公母比例不当，不但鸽群不安宁，而且产蛋率低，或无精蛋多；如果是小群放养，配不成对的种鸽就会飞到别的鸽群中去寻找配偶而不返回；笼养的则无法配对上笼。因此，养鸽者必须掌握性别鉴定的基本方法。由于从雏鸽到成鸽的整个生产过程中，公、母从外观上看几乎完全一致，要像鸡那样从外表区别公母比较困难。

根据实践经验，鸽的性别鉴定应注意掌握以下几点，以便进行综合判断。

1）同窝比较鉴别　同窝一对乳鸽中生长快、身体粗大的多数是公鸽；亲鸽喂食时，争先受喂的是公鸽；两只眼睛距离较宽的是公鸽。

2）体型体态鉴别　公鸽身体比较粗大，颈粗短，头顶隆起近似四方形，腿粗大，外形雄壮豪放；母鸽身体较小，颈细长，头顶平而窄，腿细小，外形温驯优美。

3）鼻瘤鉴别　公鸽鼻瘤大而阔，母鸽鼻瘤小而窄；120 日龄的母鸽，鼻瘤中央有白色的肉线，公鸽则没有。

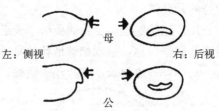

图 2-20　5 日龄乳鸽肛门的形状

4）肛门形状鉴别　4～5 日龄的幼鸽，从侧面看，公鸽肛门下缘短，上缘覆盖着下缘，母鸽则恰好相反；从正后面看，公鸽的肛门两端向上弯，母鸽是向下弯（图 2-20）。5 日龄以后，肛门周围长出绒毛，便不能依此法鉴别；进入发情期以后，观察肛门内侧上方的形状，公鸽呈山形，母鸽呈花房形（图 2-21）。

5）尾脂腺鉴别　俗称鸽尾斗，尖端开叉的多数是母鸽，不开叉的多数是公鸽。

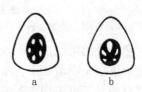

图 2-21　发情期成鸽的肛门内侧上方形状
a. 母：花房形　b. 公：山形

6）骨骼鉴别　公鸽嘴短，胸骨长而且末端尖。母鸽嘴长，胸骨短而且末端圆而软。成年公鸽比母鸽盆骨窄，公鸽的两趾骨间距离约有一指宽，而母鸽距离约一指半到两指宽。

7）发情表现鉴别　鸽约 5 月龄达性成熟，开始发情，此时公鸽喜打斗，常常追逐母鸽或围绕母鸽转圈走，颈羽竖起，颈上气囊膨胀，尾羽展开如扇形且常拖地，频频上下点头，连续发出"咕、咕"声，叫声长而强；发情母鸽比较安静，在公鸽追逐时，发出"咕嘟噜"应答声，叫声短而尖，并微微点头。

8）孵蛋时间鉴别 母鸽孵蛋多在下午5时至第二天上午9时；公鸽孵蛋多在上午10时至下午4时。

9）捉鸽鉴别 乳鸽长到10日龄，把手伸到它面前，反应灵敏，羽毛竖起，会啄人的多数是公鸽；将鸽抓起来，公鸽反抗力较强，母鸽反抗力较弱；抓起鸽上下摇动或用手轻扫肛门的周围，尾散开的是公鸽。

10）胚胎鉴别 受精鸽蛋孵4天后，在灯光下观察，胚胎机轴线两侧血丝对称，呈现蜘蛛形状的是雄性胚胎；胚胎基轴线两侧血丝不对称，一边丝长，一边丝短而稀，为雌性胚胎（图2-22）。

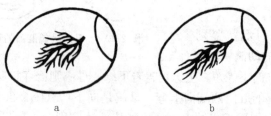

图2-22 孵化4天后区别雌雄示意图

a. 雄性 b. 雌性

11）触肛鉴别 3月龄以上的种鸽，用手轻轻触动肛门，母鸽尾羽往上翘，公鸽尾羽往下压，呈交配状。具体操作方法是：双手将鸽平稳地拢抱于胸前（不要压得太紧），鸽的头向鉴别者的胸部，使鸽姿态自若，不过于拘谨、惊慌。用右手食指向鸽肛门处（在两趾骨上方凹陷处）轻轻压，如果是公鸽，则尾羽向下压（以水平坐标为准）；如果是母鸽，则尾羽向上竖起或展开。这种触摸法表现出来的反应如同正常公母鸽交配时所表现的姿势，由于肛门受到刺激而表现出的这种动物性行为是较准确的。注意：捉鸽时不要压得过紧；触肛时要多触几次，以其多数表现为准；长途运输或关在笼里养的鸽触肛反应不明显。

12）羽毛形状鉴别 乳鸽翅膀上最后4根初级羽，末端较尖的多数为公鸽；较圆的多数为母鸽。

（2）利用分子生物技术进行鸽的性别鉴定　聚合酶链式反应（PCR）扩增性别相关基因方法是鉴定鸟类性别的一种非常方便和有效的方法，目前已广泛应用于珍稀禽类、经济动物品种的性别鉴定。它具有灵敏性高、采样量少、样本纯度要求低、对动物伤害小等优点。利用分子生物技术对鸽进行性别鉴定的具体步骤如下。

1）样品采集和标记（图 2-23）　需要采集鸽羽毛下面带血的羽髓作为待检测样品，同时对鸽和样品进行标记，保证检测结果与所检鸽一一对应。

2）基因组提取　将采集的组织样品加入配制好的 DNA 提取液，温浴（95℃）1 小时，见图 2-23。

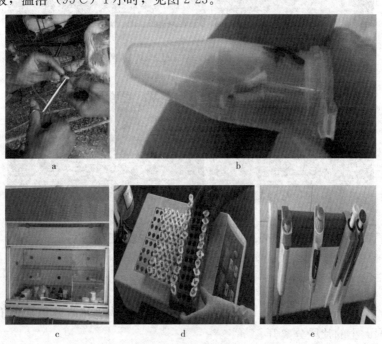

图 2-23　准备工作

a，b. 样品采集和标记　c，d，e. 基因组提取

3）CHD 基因的 PCR 扩增（图 2-24、图 2-25）　CHD 基因是

染色体螺旋蛋白基因（chromobox-helicase-DNA binding gene，CHD基因），位于鸟类的性染色体上。

在鸽等家禽或鸟类中，决定性别的染色体有Z、W两条，公的是ZZ，母的是ZW。CHD基因在公鸽中只有一种，在Z染色体上；在母鸽中有两种，分别在Z和W上，大小不同。样品通过PCR扩增，增加扩增基因片段数量。

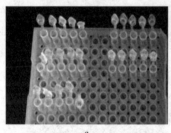

图 2-24　CHD 基因的 PCR 扩增

a. PCR 试剂添加　　b. PCR 仪

图 2-25　电泳检测

a. 电泳仪和胶槽　　b. 电泳槽

4）电泳检测（图 2-25）　将反应后的产物进行凝胶电泳，不同大小的片段分离开。

5）扫描存储图片并进行性别判定　将电泳后的凝胶放入凝胶成像仪中，拍照，读取结果。结果显示：一条带为公，两条带为母，见图 2-26。

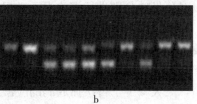

a   b

图 2-26　性别判定

a. 凝胶成像仪　b. 扫描结果：一条带的为公，两条带的为母

6）对种鸽进行公母标记　找到每个样品对应的鸽，进行性别标记。

进行分子鉴别过程较为烦琐，但是具有准确率高的优点，对于初入鸽业经验不足的养殖者更具有优势，因为传统的靠外貌神态等的性别判定需要相当丰富的经验，并且常常出错。

7）利用分子生物技术对鸽进行性别鉴定的启示

①性别判定准确率高：准确率在99％以上，即使有少量个体电泳条带不清晰，通过重复试验一般可以得以解决。

②性别判定时间早：传统方法一般需要鸽接近性成熟时才可以进行判定，而分子鉴定方法在出壳后就可以进行，考虑到拔毛及性别标记等，一般在10～14日龄时进行。

③准确把握公母比例：分子鉴定完成的种鸽满月离开老鸽时可以准确把握公母比例，及时淘汰多余公鸽。

普通群体不进行鉴别留种时一般会出现公多母少的情况，因为公鸽一般生长速度快于母鸽，抢食能力强，成活率高，如果饲养人员再根据体型大小进行一定的淘汰选留，公鸽的比例会进一步提高。而不进行鉴别产生的多余公鸽一般要到配对时才会予以淘汰，在大部分地区主要是消费乳鸽和老鸽，青年鸽不受市场欢迎，因此提前进行分子鉴定性别的多余公鸽可以在满月前作为商品乳鸽出售。

④公母分开饲养：分子鉴定性别完成的种鸽满月离开老鸽时就可以进行公母分开饲养，有助于后期配对。

公母分开饲养可以防止早熟早恋，延长鸽的利用年限。而且可以对公母鸽分别进行淘汰而不必担心性别比例失衡的问题。

经过性别鉴定的鸽配对时间和月龄要求不像未进行性别鉴定的要求那么高，经过分子性别鉴定的鸽可以在4.5～5个月开始配对，配对时间更充裕，且可以直接在生产棚中进行配对，配对成功率高，大大减少了再次抓放鸽的应激。

未进行性别鉴定的鸽一般在5月龄左右体成熟时要抓紧时间配对。若过早，性别鉴定的准确率会进一步降低；若过晚，会出现鸽已经自由配对成功，此时再进行人工重新配对会大大降低配对成功率，增加打斗率。未进行性别鉴定的鸽配对工作具有时间紧、任务重的特点，并且多采用3只或者4只一笼的方法来提高一配成功率，后期还需要对鸽进行再次的抓放工作，对鸽的应激很大，很多鸽场会为了配对工作准备专门的配对棚舍，在鸽场规模较大时对人力是个很大的考验。

经过性别鉴定的鸽一配后的工作量和工作时间大大减少。未进行性别鉴定的鸽一配成功率按80％进行计算，20％的鸽需要进行二配甚至三配，且这些鸽大多为性别特征不明显的，难以准确判断公母，这些也是让配对人员最头疼的鸽，需要配对人员具有丰富的经验和投入更多的精力才行，全部配完需要至少1个月的时间，多则甚至要2个月，而且有少量的鸽始终无法配对成功，最终配对成功率一般为95％左右。经过性别鉴定的鸽，一配成功率不低于90％，二配、三配不需要有经验，新手就可以操作，因为公母都是确定的。一配1周后，不成功的进行二配，时间最多1个月，最终配对成功率超过95％。

⑤性别鉴定完成的种鸽有利于提前生产，提高效益：经过性别鉴定的鸽配对工作人力成本支出少，对鸽的应激大大减少，且配对成功率高，鸽能快速转入正常生产过程，同样品种的鸽群，经过性别鉴定配对的鸽基本可在5个半月至6个月转入正常生产，而未进行性别鉴定的鸽等全部配对结束转入正常生产一般要6个半月以后。

⑥分子性别鉴定技术是蛋鸽生产的关键：经过性别鉴定的母鸽

进行双母配对生产在鸽蛋生产中作用不可估量。双母蛋鸽生产基本是依赖分子性别鉴定技术的，否则无法进行公鸽的淘汰。

35 *如何鉴别鸽的年龄？*

（1）通常以喙甲、鼻瘤、脚、脚垫等部位的特征来鉴别鸽的年龄。

1）喙甲　青年鸽喙甲细长，喙末端较尖，两边喙角薄而窄。2周岁以上的鸽，喙角多有茧子。老年鸽喙甲较粗短，喙末端较硬、较滑。年龄越大，喙末端越钝而光滑，两边喙角厚宽而粗糙。5周岁以上的鸽，张口时可见喙角的茧子常为锯齿状。

2）鼻瘤　青年鸽鼻瘤较大，柔软而有光泽。老年鸽鼻瘤紧凑，粗糙无光。年龄越大，鼻瘤越干燥，似有一层粉末撒布在上面。

3）脚趾　青年鸽脚上的鳞片软而平，鳞纹不明显，呈鲜红色，趾甲软而尖。2周岁以上的鸽，脚上的鳞片硬而粗糙，鳞纹较明显，呈暗红色，趾甲硬而弯。5周岁以上的老鸽，脚上的鳞片突出，硬而粗糙，鳞纹清楚易见、呈紫红色，上有白色鳞片黏附。

4）脚垫　青年鸽脚垫软而滑。老年鸽脚垫厚而硬，表面很粗糙，常偏于一侧。

（2）观察羽毛生长识别鸽的日龄和月龄　在幼鸽护养和采购种鸽工作中，准确识别鸽的日龄和月龄，便于采取相应的管理措施。

刚出壳：身披一层黄色的绒毛。

5日龄：翼和尾的大羽管露出皮肤表面。

7日龄：嗉囊两侧羽区、背腰部两条羽带、胸腹两侧、大腿和胫骨中上部两侧皮肤等6条羽带的羽鞘露出皮肤外。

11～12日龄：主翼羽和副翼羽的羽鞘开始长成羽片。

14日龄：头、背的其他地方长出羽鞘。

28日龄：除头颈部还有少量绒毛外，身体其余部位的绒毛已脱落完。翼内侧及胸腹全部盖满羽毛。

35 日龄：全身羽毛都成片状。第 10 根主翼羽根上部还带有血红色。

38 日龄：第 10 根主翼羽根上部血红色褪尽，羽毛全部角质化。

50～60 日龄：开始换羽。第 1 根主翼羽首先脱落，以后每隔 15～20 天再换第 2 根。

5～6 月龄：主翼羽已更换 7～8 根。鸽进入成熟期。鸽翼羽及尾羽构造及通过换羽时间顺序测算日龄的方法见图 2-27。

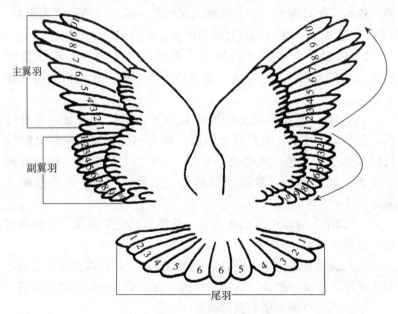

图 2-27　鸽羽排列和换羽顺序

三、营养与饲料

36 肉鸽正常生长繁殖需要哪些营养物质来维持？

肉鸽的活动量大、体温高、生长发育快、代谢较旺盛，因而与其他畜禽的营养物质需要量不同，尤其是水、能量、蛋白质、矿物质、维生素等。应强调的是，规模化笼养的肉鸽必须按其营养需要设计饲料配方并为其提供足量的饲料，使肉鸽得以正常发育，并充分发挥其生产潜力。

（1）水　水是构成鸽体和蛋的主要成分，乳鸽和蛋的含水量约70%，成年鸽含水约60%，老年鸽约50%。缺水比缺少饲料的后果严重得多，轻则引起消化不良、体温升高、生长发育受阻，重则引起机体中毒。

鸽的饮水量一般为采食量的2～3倍。饮水量随环境气候条件及机体状态而变化，夏季及哺乳期饮水量相应增加，笼养肉鸽比平养肉鸽饮水量多。气温对饮水影响最大，0～22℃饮水量变化不大。0℃以下饮水量减少，超过22℃饮水量增加，35℃时是22℃时饮水量的1.5倍。

（2）能量　能量是鸽最基本的营养物质。鸽的一切生理活动过程，包括运动、呼吸、循环、神经活动、繁殖、吸收、排泄、体温调节等都离不开能量的供应。能量的主要来源是碳水化合物，其次还有脂肪和蛋白质。碳水化合物在鸽的生命活动中占有十分重要的地位，能量的70%～80%来自于它。碳水化合物除用于提供能量以外，多余的被转化成脂肪而沉积在体内作为贮备能量，或者用于产蛋。

碳水化合物主要包括淀粉、糖类和纤维。饲料成分中淀粉作为鸽的热能来源，其价格最为便宜。因此，在鸽的日粮中必须要喂给富含淀粉的饲料，如玉米、小麦等。纤维素主要存在于谷豆类籽实的皮壳中。日粮中适量的纤维素可促进鸽的肠蠕动，有利于其他营养物质的消化吸收。但是日粮中的纤维素含量不能过高，因为鸽对纤维素的消化能力较弱，如果纤维素含量过高，可利用的能量就会下降，从而不能保证鸽的生长发育和生产的需要。当日粮中能量供应不足时，鸽就会利用饲料中的蛋白质和脂肪分解产生热能，甚至动用体脂肪和体蛋白产生热能来满足生理活动的需要，这在经济上无疑是一种浪费，对鸽体的生长发育也会造成不良影响。但是，如果日粮中碳水化合物过多，会使鸽体内脂肪大量沉积而致体躯过肥，影响其繁殖性能，同时也造成饲料资源的浪费，这对生产效益也是不利的。

鸽体对能量营养的需要随着鸽的品种、年龄、饲养方式、用途和季节环境的不同而变化，通常种鸽、体型较小的鸽、笼养的鸽在炎热季节的日粮供应中能量宜低些。

（3）蛋白质　蛋白质是生命的重要物质基础，是鸽体各种组织器官和鸽蛋的重要组成成分。鸽体的肌肉、内脏、皮肤、血液、羽毛、体液、神经、激素、抗体等均是以蛋白质为主要原料构成的。鸽的新陈代谢、繁殖后代过程中都需要大量蛋白质来满足细胞组织更新、修补的要求。因此，要使鸽生长发育好、生产性能高，必须在日粮中提供足够数量和良好品质的蛋白质。

如饲料日粮中的蛋白质比较适宜，鸽生长、发育、产蛋、孵育后代等生命活动就能正常进行，同时经济上也比较合算。蛋白质过量会造成浪费，同时还会引起代谢疾病而不利于鸽的生长发育。然而，日粮中蛋白质和氨基酸供应不足，会造成鸽生长缓慢，食欲减退，羽毛生长不良，贫血，性成熟晚，产蛋率和蛋重下降。因此，蛋白质对鸽体的生命活动十分重要。一般来说，单靠一种蛋白质饲料很难全面合理地提供所有的必需氨基酸，而几种不同的饲料按适当的比例配合在一起，各种饲料中的氨基酸便可以互相取长补短，从而达到氨基酸含量的平衡。可以说，要使鸽体每天能摄入足够数量的蛋白质和氨基酸，必须选择多种饲料原料，按科学的配方进行搭配。普通养鸽者一般采用2～4种谷实类籽实（占日粮比例的60%～70%）和1～2种豆类籽实（占日粮比例的20%～30%）进行配合，能取得较为理想的效果。

（4）矿物质　鸽体内由矿物质组成的无机盐种类很多，主要有钙、磷、钾、铁、铜、硫、锰、锌、碘、镁、硒等元素。矿物质是保证鸽体健康、骨骼和肌肉的正常生长、幼鸽发育和成鸽产蛋、哺乳的必需物质，具有调节机体渗透压、保持酸碱平衡和激活酶系统等作用，它又是骨骼、蛋壳、血红蛋白等组织的重要成分。

钙、磷在鸽体的骨骼中含量最高，需要量也较大。缺乏时，鸽易患软骨病；雏鸽则骨骼发育不良，生长缓慢；成鸽会引起骨脆易折，关节硬化；产蛋鸽会引起产蛋率下降，蛋壳变薄，甚至软壳。钙和磷在鸽体内有协同作用，适宜的钙、磷比例有助于鸽体营养物质的吸收利用、保持体液的酸碱平衡。一般来说，钙、磷比例应以（1.1～1.5）：1为宜。

钠、氯元素主要来源于食盐，食盐在鸽的生理上有重要作用，它可参与机体的新陈代谢，调节体液平衡，调节机体组织细胞的渗透压，有助于消化和排泄等功能。一般在全价配合饲料中的添加量为0.3%～0.6%，或是在保健砂中掺入4%～5%的食盐为宜。食盐供给不足，易引起鸽食欲减退，消化不良，生长缓慢。过多则会引起鸽中毒，饮水增加，水肿，肌肉痉挛，直至死亡。

（5）维生素　维生素在鸽体内的物质代谢活动中起着重要作用。鸽体内最易缺乏的维生素是维生素A、维生素D_3、维生素B_1（硫胺素）、维生素B_2（核黄素）、维生素E和维生素K。

1）维生素A　与鸽的生长、繁殖有着密切关系，能促进上皮组织的形成，维持上皮细胞和神经细胞的正常功能，保护视力正常，增强机体抵抗力，促进鸽的生长、繁殖。维生素A缺乏时，雏鸽、幼鸽出现眼炎、结膜炎，甚至失明。生长发育缓慢，体弱，羽毛蓬乱，共济失调，严重时造成死亡。维生素A在鱼肝油中含量丰富。青绿饲料、黄玉米等植物中含有胡萝卜素，它可以在体内合成维生素A。

2）维生素D 在鸽体内参与骨骼、蛋壳的形成和钙、磷代谢，促进鸽体内消化系统对钙、磷的吸收，幼鸽和产蛋鸽易出现缺乏。缺乏时，幼鸽生长发育不良，羽毛松散，喙、爪变软、弯曲，胸部凹陷，腿部变形；母鸽则引起产软壳蛋、薄壳蛋，蛋重减轻，产蛋率下降。鱼肝油、日晒干草中富含维生素D，在饲喂时要注意补充，以防不足。

3）维生素E 为抗氧化剂、代谢调节剂。它可以保护饲料养分中维生素A及其他一些物质不被氧化。维生素E缺乏可导致公鸽生殖器官退化变性，生殖机能减退；母鸽产蛋率、孵化率减低，胚胎常在4～7日龄死亡。维生素E在一般青饲料和谷类籽实、油料籽实中的含量均比较丰富。

4）B族维生素 其硫胺素、核黄素、泛酸、烟酸和维生素B_{12}均为机体组织器官和体液的组成成分，与碳水化合物、脂肪、蛋白质三大营养物质的代谢有密切关系。缺乏时，易造成幼鸽生长发育不良、消瘦、贫血、羽毛粗乱；成年鸽出现食欲减退、卧伏，生产性能下降，饲料利用率降低等情况。B族维生素在青饲料、糠麸、草粉、胚芽中含量较多，应注意供给。

5）维生素K 是维持正常血凝的必需成分。缺乏时，易造成出血不止、血凝不良。青绿饲料中都含有丰富的维生素K。

添加维生素时，一般可按下列配方在配合饲料中使用。添加比例为每吨配合饲料添加维生素总量100～200克，包括维生素A 500万国际单位、维生素E 12.5克、维生素B_1 12.5克、维生素B_2 15克、维生素B_{12} 20克、维生素K 35克、烟酸25克、右旋泛酸钙10克。

为保证维生素添加时成分不被破坏，要避免高温、暴晒、蒸煮等。维生素添加剂应低温、阴暗处保存。

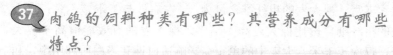

37 肉鸽的饲料种类有哪些？其营养成分有哪些特点？

鸽不论是野生还是家养，都吃植物性饲料。通常其主要的饲料是没有经过加工的植物籽实，如玉米、麦子、谷物、豆类等。鸽没有吃熟食的习惯，很少采食动物性饲料，但随着现代养鸽业的发展，集约化、自动化程度的提高，一些养鸽场也利用鱼粉等动物性饲料配制全价配合饲料，进行雏鸽灌喂，可收到较好的效果。有人试验，把各种饲料按照营养比例配合加工成颗粒饲料，用来喂鸽，生长发育和繁殖等均正常，但也存在一些问题，如怎样解决颗粒饲料的硬度，使其能如颗粒籽实类饲料一样，符合鸽的消化生理需要等。

（1）能量饲料　以干物质计，粗蛋白含量低于20%、粗纤维含量低于18%的一类饲料为能量饲料。能量饲料包括谷实类饲料、糠麸类饲料、糖蜜、油脂等。

1）谷实类饲料　鸽常用的谷实类饲料有玉米、小麦、稻谷、大麦、高粱、燕麦等。

①玉米：可利用能值高，玉米粗纤维含量少，仅2%左右，而无氮浸出物高达72%，主要是淀粉消化率高，适口性强，且产量高、价格便宜，为肉鸽优良的饲料。但玉米蛋白质含量低，品质差，缺乏赖氨酸和色氨酸，钙、B族维生素及微量元素含量低，玉米的用量可占日粮的35%~65%。

②小麦：小麦的粗纤维含量与玉米相当，粗脂肪含量低于玉米，蛋白质含量高于玉米，是谷实类籽实中蛋白质含量较高者，但其必需氨基酸含量较低，尤其是赖氨酸。小麦的能值也高，仅次于玉米。B族维生素含量多，而维生素A、维生素D及维生素C含量极少。钙及微量元素含量低。因小麦中所含的可溶性多糖——阿糖基木聚糖能增加肉鸽消化道食糜的黏稠度，从而降低养分消化率和饲料利用率，因此小麦占日粮的比例以不超过10%为宜。

③大麦：大麦的蛋白质平均含量为11%，氨基酸组成中赖氨酸、色氨酸高于玉米，特别是赖氨酸含量比玉米高1倍多。B族维

生素丰富。裸大麦的粗纤维含量为 2％左右，与玉米差不多；皮大麦的粗纤维含量比裸大麦高 1 倍多，裸大麦的有效能值高于皮大麦，仅次于玉米。大麦中的单宁会影响适口性和蛋白质利用率，和小麦一样，大麦中含有可溶性多糖，可增加肉鸽消化道食糜的黏稠度，从而降低养分消化率和饲料利用率，因此大麦占日粮的比例以不超过 10％为宜。

④粟、稻谷等：均为禽类的良好饲料：稻谷的粗蛋白含量比玉米稍低，每千克含代谢能 10.7 兆焦。脂肪含量约 1.5％；蛋白质约 8.3％；粗纤维含量较高，达 8.5％。氨基酸、钙、磷和微量元素含量与玉米相近。我国南方是稻谷的主产区，稻谷去壳后为糙米。糙米的代谢能、粗蛋白、蛋氨酸和赖氨酸等含量都接近玉米，仅胡萝卜素含量较低。

2）糠麸类饲料 鸽常用的糠麸类饲料包括麸皮、米糠、大麦麸、玉米糠、高粱糠、谷糠等。麸皮适口性好，B 族维生素、蛋白质和磷的含量较多，可以在混合料中添加 5％～10％。米糠的赖氨酸含量高，粗脂肪含量也很高，而且大多为不饱和脂肪酸，极易氧化、酸败。

3）糖蜜 是制糖工业的副产品，主要成分是糖类，有效能值较高。

4）油脂 油脂总能和有效能比一般的饲料高。在产蛋鸽饲料中添加 2％～5％的油脂，尤其是添加富含不饱和脂肪酸的油脂，可以提高产蛋率，增加蛋重，在炎热夏季效果更加明显。

（2）蛋白质饲料 以干物质基础计，粗蛋白质含量大于或等于 20％、粗纤维含量低于 18％的一类饲料即蛋白质饲料。蛋白质饲料是在动物饲粮中所占比例较小（30％以下）且对畜禽主要起供蛋白作用的一类饲料原料总称，主要包括植物性蛋白质饲料（豆类籽实、饼粕、玉米蛋白粉）、动物性蛋白质饲料（鱼粉、虾蟹粉、血粉、羽毛粉）、单细胞蛋白质饲料（酵母类、单细胞藻类）及非蛋白氮饲料（尿素、双缩脲、铵盐）等。而鸽不具备蕴含丰富微生物的发达盲肠，对非蛋白氮饲料的利用率低。

1) 植物性蛋白质饲料

①豌豆：为肉鸽重要的蛋白质饲料，可分为普通豌豆与野豌豆。由于其籽料大小适中，圆形，故适口性好，且在豆类籽实价位较低，而饲养效果最好。其代谢能 11.4 兆焦/千克左右，粗蛋白质 22.6% 左右，粗脂肪 1.5% 左右，粗纤维 5.9%，无氮浸出物 55.1%，钙 0.13%，磷 0.39%，赖氨酸 1.61%，蛋氨酸 0.10%。豌豆可占肉鸽日粮的 20%～30%。

②绿豆：为肉鸽蛋白质饲料原料之一。绿豆含代谢能 11.13 兆焦/千克左右，粗蛋白质 23.1%，粗脂肪 1.1%，粗纤维 4.7%。由于绿豆大小适中，适口性好，肉鸽喜食，多用于夏季，有清热解毒作用。一般可占日粮的 5%～10%。

③蚕豆：为肉鸽蛋白质饲料原料之一。蚕豆的营养含量与豌豆相似，含代谢能 10.79 兆焦/千克左右、粗蛋白质 24.9%、粗脂肪 1.4%、粗纤维 7.5%、无氮浸出物 50.9%、钙 0.15%、磷 0.40%、赖氨酸 1.66%、蛋氨酸 0.12%。蚕豆分为大粒与小粒，由于蚕豆有一层厚的种皮，所以无论大粒或小粒，均需将蚕豆破碎后再饲喂肉鸽。另外，由于饮水后蚕豆体积剧增，故喂量要严格控制，以防鸽被胀死。

④赤豆：又称红豆，为肉鸽重要的蛋白质饲料来源之一，籽粒大小适中，适口性强，鸽喜食。其含水分 14.6%（贮藏安全水分），碳水化合物 31.1%（淀粉 55.9%），粗蛋白质 21.4%～34.5%，粗脂肪 0.6%～16.5%，粗纤维 4.75%，粗灰分 4.6%。每 100 克赤豆中含钙 76 毫克，磷 386 毫克，铁 4.5 毫克。习惯上均在严冬季节饲喂，对鸽有保健作用。

⑤大豆粕、大豆饼：是较好的植物性蛋白质饲料，营养价值高，适口性好。随着肉鸽颗粒饲料的研制成功和进一步推广，饼粕类饲料的用量将会在肉鸽养殖中加大。饲料配合应注意适当添加氨基酸类添加剂，以保持氨基酸的平衡。

2) 动物性蛋白质饲料

①鱼粉：营养价值因鱼种、加工方法和贮存条件不同而有较大

差异。鱼粉蛋白质品质好，含量在 40%～70%，进口鱼粉一般在 60%以上，国产鱼粉 50%左右。必需氨基酸含量丰富，鱼粉中钙、磷、铁、锌、硒及 B 族维生素含量高，另外鱼粉的含盐量也较高。鱼粉是肉鸽比较好的蛋白质饲料，但鱼粉的价格相对较高，且含有肌胃糜烂素（正常不超过 0.3 毫克/千克）和容易受到沙门氏菌的污染，所以饲料中的使用量不能过高。但应注意鱼粉售价高，常出现掺假产品，购买时应注意识别；部分鱼粉含盐量高，最好先测定食盐含量，以免因用量不当造成食盐中毒。鸽配合饲料中鱼粉的用量一般以不超过 10%为宜。鱼粉脂肪含量较高，久贮易遭受氧化酸败，降低适口性，还可能引起鸽腹泻。因动物性饲料具有腥味，用量大易导致鸽乳和鸽肉产生腥味，影响乳鸽的食用及销售。

②肉骨粉或肉粉：是以动物屠宰厂副产品中除去可食部分之后的骨、皮、脂肪、内脏等经高温、高压处理后磨碎而成的混合物。含磷量在 4.4%以上的为肉骨粉，在 4.4%以下的为肉粉。粗蛋白质含量为40%～70%，氨基酸含量受加工原料的影响差异较大，特别是含结缔组织和角质较多的肉骨粉，其必需氨基酸量甚低，蛋氨酸及色氨酸均明显低于鱼粉，赖氨酸含量略高于豆粕，蛋白质生物学价值不如鱼粉。肉骨粉及肉粉含有较多的钙、磷（尤其是肉骨粉），钙的含量为 5.3%～9.2%，磷为 2.5%～4.79%。肉骨粉及肉粉是 B 族维生素的良好来源，尤其含有较多的维生素 B_2、烟酸、胆碱，但缺少维生素 A 和维生素 D。肉骨粉和肉粉的饲用价值比鱼粉和豆类籽实、豆粕差，且不稳定，适口性差，容易污染沙门氏菌，用量不宜过大。

（3）矿物质饲料 指为动物提供所需矿物质元素的饲料。鸽常用的矿物质饲料包括石粉、贝壳粉、蛋壳粉、石膏、磷酸氢钙、磷酸钠、氯化钠、碳酸氢钠等。

（4）添加剂 主要种类包括微量元素、维生素、氨基酸、益生素、酶制剂、防霉剂、抗氧化剂和抗球虫剂。

1）微量元素添加剂 常用微量元素添加剂有无机、有机、螯合、纳米 4 种形式。无机的微量元素添加剂应用范围最广泛，常见的有一水硫酸锌、七水硫酸亚铁、五水硫酸铜、一水硫酸锰、七水硫酸钴、碘化钠、亚硒酸钠等。

2）维生素添加剂 由于大多数维生素都有不稳定、易氧化或被其他物质破坏失效的特点和生产工艺上的要求，所以几乎所有的维生素添加剂都经过特殊加工处理和包装。为了满足不同使用的要求，在剂型上有粉剂、油剂、水溶性制剂等。在各种维生素添加剂中，氯化胆碱、维生素A及烟酸的使用量所占的比例最大。以玉米豆粕为主的饲粮中，通常需要添加维生素A、维生素D_3、维生素E、维生素K、维生素B_1、维生素B_2、烟酸、泛酸、氯化胆碱及维生素B_{12}。对于不同用途的鸽种，添加量及品种不同，基础日粮维生素作为安全用量。

3）氨基酸添加剂 在饲料中可使用的工厂化生产氨基酸为赖氨酸、蛋氨酸、色氨酸、苏氨酸。以玉米豆粕为主的日粮需要添加蛋氨酸0.05％～0.20％、赖氨酸0.05％～0.30％、色氨酸0.02％～0.06％、苏氨酸0.10％～0.15％。

肉鸽常用籽实类饲料营养成分见表3-1。

表3-1 肉鸽常用籽实类饲料营养成分

饲料种类	代谢能（兆焦/千克）	粗蛋白（%）	脂肪（%）	纤维素（%）	蛋氨酸（%）	赖氨酸（%）	色氨酸（%）	胱氨酸（%）	钙（%）	磷（%）
玉米	13.02	8.10	3.70	2.21	0.14	0.35	0.15	0.12	0.04	0.26
高粱	12.62	9.41	2.93	2.48	0.17	0.35	0.12	0.21	0.03	0.28
小麦	13.45	14.52	1.83	2.74	0.21	0.31	0.14	0.25	0.08	0.34
稻谷	8.21	5.87	1.16	11.24	0.14	0.22	0.12	0.08	0.04	0.25
糙米	13.11	8.02	1.22	0.85	0.15	0.23	0.10	0.10	0.01	0.20
豌豆	10.12	20.87	1.21	5.24	0.24	1.58	0.17	0.12	0.11	0.41
绿豆	11.24	22.68	1.23	3.85	0.38	2.34	0.41	0.58	0.23	0.36
蚕豆	9.42	25.61	1.38	7.94	0.19	1.65	0.22	0.27	0.14	0.46
黑豆	12.90	33.28	15.89	6.12	0.32	2.10	0.35	0.51	0.22	0.43
黄豆	11.86	34.87	17.90	5.21	0.38	2.32	0.36	0.54	0.31	0.55
火麻仁	10.85	32.38	7.45	9.60	0.41	1.21	0.44	0.33	0.18	0.24

38 什么是常规饲料？

常规饲料指在配方中经常使用或对营养特性和饲用价值认知较全面、透彻的饲料，且一般泛指某一类或一种单一饲料原料。鸽用常规能量饲料有玉米、高粱、小麦，鸽用常规蛋白质饲料有豌豆、大豆、豆粕、豆饼、鱼粉等。常规饲料是一个相对的概念，不同地域、不同畜禽日粮所使用的常规饲料是不同的，在某一地区或某一日粮是常规饲料，在另一地区或另一种日粮中则可能是非常规饲料。

39 什么是非常规饲料？

非常规饲料是区别于传统日粮习惯使用的原料或典型配方所使用原料的一类饲料原料统称，同样也是一个相对概念。主要来源于农副产品和食品工业副产品，是重要的饲料资源。按照它们的营养特性，主要分为非常规能量饲料原料、非常规植物蛋白饲料原料、非常规动物蛋白饲料原料和食品工业副产品等四大类。非常规饲料原料来源广泛，成分复杂，其共同特点主要包括如下几个方面：①与相应的常规饲料原料比较，一般的非常规饲料原料营养价值较低，营养成分不平衡；②大多数非常规饲料原料含有多种抗营养因子或毒物，不经过处理不能直接使用或必须限制用量；③大多数非常规饲料原料适口性差，饲用价值较低，使用受到限制；④有许多非常规饲料原料体积大，比重轻，营养浓度低，在生长肥育动物日粮中使用受到限制；⑤大多数非常规饲料原料的营养成分变异很大，质量不稳定，受产地来源、加工处理及贮存条件等多方面因素的影响；⑥与常规饲料原料比较，由于研究数据的缺乏，大多数非常规饲料原料的营养价值评定不够准确，没有较为可靠的饲料数据库，增加了日粮配方设计的难度。

40 怎样进行饲料原料质量控制？

饲料原料质量控制主要从感官检测和实验室分析两方面来把控。规模化鸽场多以实验室分析检测为主，感官检测为辅。

（1）以五官来观察原料的颜色、形状、均匀度、气味、质感等

1）视觉 观察饲料的形状，色泽，有无霉变、虫子、结块、异物掺杂等。

2）味觉 通过舌舔和牙咬来检查味道，但注意不要误尝对人体有毒、有害物质。

3）嗅觉 通过嗅觉来鉴别具有特征气味的饲料，核查有无霉味、腐臭、氨味、焦味等。

4）触觉 取样于手中用手指捻，通过感触来觉察其硬度、滑腻感、有无杂质及水分等。

5）筛分 使用 8、12、20、40 目*的分析筛来测定有无异物。

6）放大镜 使用放大镜或显微镜来鉴别，内容同视觉观察内容。

（2）常规实验室分析检测 几种饲料原料重要控制项目见表3-2。

表3-2　饲料原料重要控制项目

品种	水分	粗蛋白	粗脂肪	粗纤维	粗灰分	钙	磷	其他
玉米	☆	☆	☆					杂质、容重、霉变、毒素
小麦	☆	☆						杂质、容重、霉变
高粱	☆	☆						杂质、容重、霉变
豌豆	☆	☆			☆			杂质、容重、霉变
蚕豆	☆	☆			☆			杂质、容重、霉变
豆粕	☆	☆			☆			KOH 溶解度、脲酶活性
棉粕	☆	☆		☆	☆			毒素、KOH 溶解度
菜粕	☆	☆		☆	☆			毒素、KOH 溶解度
花生粕	☆	☆			☆			毒素
胚芽粕	☆	☆		☆	☆			毒素

* 网目是正方形网眼筛网规格的度量，一般是每 2.54 厘米中有多少个网眼，名称有目（英）、号（美）等，且各国标准也不一，为非法定计量单位。孔径大小与网材有关，不同材料筛网，相同目数网眼孔径大小有差别。

（续）

品种	水分	粗蛋白	粗脂肪	粗纤维	粗灰分	钙	磷	其他
棕榈粕	☆	☆		☆	☆			
椰子粕	☆	☆		☆	☆			
米糠粕	☆	☆		☆	☆			
柠檬酸渣	☆	☆	☆	☆	☆			
蛋白粉	☆	☆	☆	☆	☆			色素含量、氨基酸组成
鱼粉	☆	☆	☆		☆	☆	☆	新鲜度、氨基酸组成、卫生指标
肉粉	☆	☆	☆		☆	☆		新鲜度、氨基酸组成、卫生指标
肉骨粉	☆	☆	☆		☆	☆	☆	新鲜度、氨基酸组成、卫生指标
血粉	☆	☆			☆			新鲜度、氨基酸组成、卫生指标
羽毛粉	☆	☆			☆			
虾壳粉	☆	☆		☆	☆	☆	☆	
石粉						☆		卫生指标
磷酸氢钙						☆	☆	卫生指标
磷酸二氢钙						☆	☆	卫生指标
沸石粉	☆							吸氨值、卫生指标
膨润土	☆							胶质价、膨胀倍卫生指标
凹凸棒土	☆							
豆油								脂肪酸组成
猪油	☆							酸价、丙二醛
磷脂油								酸价、含量
维生素								含量
微量元素								含量
氨基酸								含量
功能性添加剂								含量

注：具体数值由各养殖场灵活掌握。☆为重点控制项目。

41 什么是蛋白质浓缩饲料？浓缩饲料配制的基本原则是什么？

（1）蛋白质浓缩饲料　所含蛋白质营养物质百分比较高（30%以上）的一类浓缩饲料统称，通常由蛋白质饲料、常量矿物质饲料（钙、磷、食盐）和添加剂预混合饲料三部分原料构成，为全价饲料中除去能量饲料的剩余部分。使用过程中一般占全价配合饲料的20%～40%，加入一定量的能量饲料后组成全价料饲喂鸽。

浓缩饲料中各种原料配比，随原料的价格、性质及使用对象而异。一般蛋白质饲料占 70%～80%（其中动物性蛋白质 15%～20%），矿物质饲料占 15%～20%，添加剂预混料占 5%～10%。

（2）浓缩饲料配制的基本原则　①满足或接近标准即按设计比例加入能量饲料乃至蛋白质饲料或麸皮、秸秆等之后，总的营养水平应达到或接近于鸽的营养需要量，或是主要指标达到营养标准的要求。例如，能量、粗蛋白质、第一和第二限制性氨基酸、钙、磷、维生素、微量元素及食盐等。有时浓缩料中的某些成分亦针对地区进行设计。②依据鸽的品种、生长阶段、生理特点和生产产品的要求设计不同的浓缩料。不能一概而论。③浓缩料的质量保护，除使用低水分的优质原料外，防霉剂、抗氧化剂的使用及良好的包装必不可少，水分应低于12.5%。④在全价中所占比例以 20%～40%为宜。而且为方便使用，最好使用整数，如 20%、40%，而避免诸如 25.8% 之类小数的出现。所占比例与应用的蛋白质原料、矿物质及维生素等添加剂的量有关。因此，应本着有利于保证质量，又充分利用当地资源、方便使用和经济实惠的原则进行比例确定。⑤若出售，注意外观一些感观指标应受用户的欢迎，如粒度、气味、颜色、包装等都应考虑周全。

42 什么是原粮饲料？如何配制？影响原粮饲料质量的因素有哪些？

（1）原粮饲料　即用多种原粮颗粒料配合而成的混合饲料。这种饲料的配制比较简单，根据饲养对象的营养需要设计好配方后，按配方将各种原料称好搅拌均匀即可直接饲喂。但这种饲粮用的是原粮颗粒，配制时既要考虑所用原粮的品质，还要考虑原粮的颗粒形状、大小及搭配比例。

（2）配制技术

1）原粮要新鲜、干净、无污染　配制原粮日粮所用原粮，要选择当年收获的无虫害、无霉变、无农药污染、卫生干净的谷物籽实。灰尘较多的要用除尘设备或水淘洗晾晒后再用。

2）原粮颗粒大小要适中　所用原粮以圆球状直径 2～5 毫米为好，棒状的长度不应超过 5 毫米，两端钝圆。颗粒过大或过长的应破碎后使用。

3）大小颗粒搭配使用　配制原粮日粮所用原粮因品种不同，颗粒大小差异比较大。生产中不注意颗粒搭配就会影响肉鸽生产水平，因为日粮颗粒过大，会给种鸽采食和哺喂幼鸽造成困难，种鸽就会减少幼鸽哺喂量，致使幼鸽生长发育缓慢，降低产品合格率；日粮颗粒过小，会增加种鸽采食时间及维持营养消耗，甚至还会影响种鸽孵化率。因此，花生米、蚕豆及大粒玉米需破碎后使用，麻籽、油菜籽、芝麻等颗粒比较小的饲料只能少量补喂。

4）常用原粮日粮推荐配方

①非育雏期种鸽日粮配方：玉米 50%，小麦 10%，高粱 15%，小豆 15%，豌豆 10%。

②育雏期种鸽日粮配方：玉米 45%，小麦 10%，高粱 15%，豌豆 15%，小豆 10%，绿豆 2%，火麻仁或油菜籽 3%。

③青年鸽日粮配方：玉米 50%，小麦 15%，高粱 20%，小豆 10%，豌豆 5%。

（3）影响原粮饲料质量的因素　原粮饲料质量直接由饲料原料的质量决定。原料质量总的来说包含营养成分的有效含量和饲料有毒成分的含量两个大的方面。处理好这两个方面的问题，有利于促进肉鸽生产潜力的发挥和提高肉鸽养殖经济效益。

饲料原料的营养成分含量受多种因素的影响，具体包括产地、收获时间、贮存条件等因素，其营养成分有所差异。如玉米，不同品种，黄玉米和白玉米，其氨基酸含量差异较明显。南方玉米与北方玉米因光照、气候等因素的影响，其营养成分也有较大差异。对于如何把握具有不同产地等差异的同一饲料原料的营养成分含量，应对饲料原料进行有效成分测定，以准确了解饲料原料的营养成分含量，确保肉鸽日粮配合后的营养成分含量。

一些常用饲料原料，都不同程度地含有某些有毒成分。这些物质，有的阻碍动物营养物质的消化吸收，有的则是干扰动物的正常生理代谢。因鸽喜采食籽实生饲料，未通过加工处理，对于降低某些饲料的有毒抑制因子的含量，就仅依靠对日粮饲料原料进行合理的搭配与量的控制，使其在配合日粮中的含毒物质低于中毒临界水平。因而，了解饲料原料中的有毒成分的性质和特性，对于确保肉鸽健康生长有着十分重要的意义。

1）胰蛋白酶抑制因子　在许多饲料原料中，都存在着一类称为胰蛋白酶抑制因子的物质。这类物质在生化结构上是由氨基酸残基组成的多肽，如果它们在胃内不被破坏，进入小肠后则会与胰蛋白酶结合形成复合物，使胰蛋白酶失去活性。这种复合物在小肠内不会被分解，进入大肠后可被微生物降解，或者随粪便排出体外。因此，胰蛋白酶抑制因子不仅阻碍蛋白质的消化，还会使部分饲料蛋白质损失。高温处理（加热到 100℃），可使胰蛋白酶抑制因子的结构遭到破坏，所以在热榨豆饼中胰蛋白酶抑制因子可降到 3.4 微克/克，基本上消除了这种有毒物质，可以放心饲喂。

2）致甲状腺肿物质　在高产油菜品种的菜籽中，芥子苷的含量高达 10%～13%。该物质在饲料或动物体内芥子苷酶的作用下，可产生唑烷硫酮、硫氰酸酯和异氰酸酯等物质。这类物质通过消化道被动物吸收后，可阻碍甲状腺利用血液中的碘离子，使甲状腺素（三碘酪氨酸和四碘酪氨酸）合成受阻，引起甲状腺肿大和整个机体代谢紊乱。因此，菜籽饼虽然营养丰富，但其饲用价值却受到限制。目前已广泛应用动物菜籽饼（粕）解毒添加剂。经过解毒处理的菜籽饼（粕）在配合饲料中的添加比例可提高到 20%，经济效益和社会效益都很显著。此外，卷心菜和花椰菜等青饲料中，也含有致甲状腺肿物质，但不过量饲喂或短期饲喂不会引起畜禽甲状腺肿现象。

3）棉籽酚　棉籽饼中含有游离棉酚、棉酚紫和棉绿素等有毒物质，其中以游离棉酚为主，在棉籽饼中的含量为 0.07%～0.24%。棉酚的毒害作用是引起畜禽机体组织损害并降低繁殖机能。在棉籽饼中加入硫酸亚铁，可有效地消除棉酚的毒害作用。

植物性血凝素这类物质主要存在于豆科植物中，可引起动物血细胞凝集。植物性血凝素经熟热处理后，其组织结构受到破坏，可安全饲喂。

4）皂角青　某些豆科牧草和菜籽饼中含有皂角青的主要成分皂角苷。过多采食可引起生长不良和中毒等现象。

5）霉菌毒素　在动物饲料中，除了注意饲料原料中的有毒物质外，还必须防止饲料霉变。一些富含蛋白质的饲料是黄曲霉、灰霉等产毒霉菌生长的良好基质。动物的黄曲霉毒素中毒，表现为食欲或饮水废绝，脱水昏睡，继而发展为肝脏受损和黄疸。某些谷物饲料霉败后，可产生橘霉素、柠檬色霉素、T2霉素和玉米赤霉烯酮等毒素。这些毒素会引起肾脏和肝脏损害、繁殖机能下降，甚至造成死亡。三叶草在发生霉变时，所含的香豆素转化为双香豆素，颉颃维生素K，可导致动物发生维生素K缺乏症。

43 什么是配合饲料？不同时期配合饲料的配制技术有哪些？

（1）配合饲料　这类饲料产品亦称为完全配合饲料、全日粮配合饲料，通常按照鸽不同生产阶段、不同生理要求、不同生产用途营养需要，划分为各种型号。配合饲料内含有能量、蛋白质和矿物质饲料，以及各种饲料添加剂等。各种营养物质种类齐全、数量充足、比例适当，能满足鸽生产需要。可直接用于生产，一般不必再补充其他任何饲料，但必须注意选择与饲喂对象相符合的全价配合饲料。实际生产中，由于科学技术水平和生产条件的限制，许多"完全饲料"难以达到营养上的"全价"，故可根据饲料配合的水平区分为"全价配合饲料"与"混合饲料"。

（2）配制技术

1）配制原则　①制订合理的饲料配方是日粮配制的关键。饲料配方中尽可能利用当地充足的饲料资源并合理搭配以满足鸽生长繁殖和各种活动的需要，从而最大限度地发挥饲料的效能，提高饲料的利用率。②不同生长阶段、不同生产目的下，肉鸽的饲料营养素需要有所差异。充分考虑这一因素，实行动态的营养素供给下的饲料配制技术，能有效降低肉鸽的饲料损耗和营养素供给过剩的不良影响，降低饲料成本，且能更好地适应肉鸽生长发育的需要。在不同阶段采用不同的饲料原料进行搭配，还可充分发挥各种营养特别是氨基酸的互补作用。

2）配制比例　依据各个区域原料基础不同，配方中能量、蛋白标准应参照肉鸽的参考饲养标准要求配置。具体做法如下：能量饲料65％～78％＋蛋白饲料18％～31％＋鸽功能性核心颗粒饲料4％，然后将其混合均匀即可饲喂。最新推荐的肉鸽的参考饲养标准见表3-3。

表3-3　肉鸽的参考饲养标准

项　　目	童鸽、青年鸽	非育雏期种鸽	育雏期种鸽
代谢能（兆焦/千克）	11.5	12.1	12.7
粗蛋白质（%）	11.5～12.5	13.5～14.5	14.5～15.5
粗脂肪（%）	2.6	3.0	3.0
粗纤维（%）	3.5	2.8～3.0	2.8～3.0
钙（%）	1.00	2.00	2.50
磷（%）	0.65	0.85	0.95

3）举例

①不同时期常用饲料应用比例：见表3-4。

表3-4　不同时期常用饲料应用比例（%）

生长阶段	童鸽、青年鸽			种鸽	
	1～2月龄	3～4月龄	5～6月龄	育雏期	非育雏期
能量饲料	63～68	68～73	66～70	63～68	73～78
蛋白质饲料	28～33	23～28	26～30	28～33	18～23
功能性保健砂	4	4	4	4	4

②常用的饲料种类及比例：见表3-5。

表3-5　常用的饲料种类及比例

饲料种类	原料名称	日粮中可添加比例（%）
谷实类饲料	玉米	25～65
	高粱	10～20
	小麦	10～15
	大麦	可达30
	稻米	5～15
	荞麦	5～10
豆类饲料	豌豆	20～40
	花生	10～15
	大豆	5～10
	绿豆	10～30
	蚕豆	<10
	火麻仁	<8
青绿饲料	甘蓝、菠菜、白菜等菜叶	每周供给1～2次
矿物质饲料	食盐、贝壳粉、红泥等	配制成保健砂

③不同时期肉鸽饲料配方：见表3-6。

表3-6　不同时期肉鸽饲料配方（%）

原料名称	青年鸽			种鸽		种鸽	
	1～2月龄	3～4月龄	5～6月龄	产蛋高峰期	育雏期	冬季	夏季
玉米	37	45	50	42	40	40	36
豌豆	35	28	23	32	34	30	34
小麦	10	10	10	8	8	8	8
高粱	10	10	10	8	8	8	8
火麻仁	4	3	3	6	6	7	7
糙米	—	—	—	—	—	3	3
保健砂	4	4	4	4	4	4	4

注：①不同时期肉鸽有不同的保健砂。
　　②添加的蛋白饲料如不能满足种鸽蛋白营养需要量，可以适当添加饼粕类蛋白并将其制成颗粒添加。大配方应作适当调整（即原粮＋蛋白质浓缩颗粒）。
　　③不同鸽场常用饲料原料来源不同，原则上应该进行测定分析。所测饲料原料营养价值与中国饲料库值进行比较，不同取样原料实测值与参考值存在一定的差异时，配方也应该作适当调整。特别注意原料的区域性和季节性。

44 什么是全价颗粒饲料？使用全价颗粒饲料有哪些注意事项？

（1）全价颗粒饲料　是全价配合饲料按一定比例混合均匀后经制粒后的产物，营养价值全面且能满足鸽需要。制粒工艺中的高温过程能去除部分抗营养因子，且有膨化、糊化、熟化功效，具一定额外增益功效，便于鸽采食。规模化鸽场采用鸽用全价颗粒饲料虽然具备化繁为简、减轻喂养工人负担、防止鸽挑食、避免浪费、易于实现标准化作业等功效，但也存在肠道存留时间较短、鸽采食偏多而增肥、胃肠道特别是肌胃萎缩等弊端。各鸽场应视各自实际情况而定，科学使用。

（2）注意事项　应用全价颗粒饲料是今后鸽业现代化、规模化、标准化的趋势和导向，具有化繁为简、避免鸽挑食浪费、保证营养供给均衡全面等诸多优点，但在当前技术条件和行业大背景前提下，仍面临诸多挑战和误区：

1）饲料颗粒硬度需加强　鸽天性嗜食硬物，且当前养殖鸽多不进行断喙处理，不能采食粉料。若硬度不够，鸽一叼即碎，反而适得其反，影响鸽采食并造成浪费。

2）采食量偏高与营养调控　颗粒饲料经粉碎、制粒后虽然增加了饲料的可消化性，但也变相缩短了饲料在鸽胃肠道内的停留时间，造成过料太快，鸽缺乏饱腹感，进而采食更多饲料，造成局部营养过剩，腹部囤积过多脂肪，影响生产性能。应对策略主要有二：①进行限制饲喂，停用自由采食模式，对鸽群每日饲粮供给量进行限制；②在平常配合饲料基础之上进一步降低各营养素浓度10%～20%，鸽群自由采食，其间平衡度需要各规模化鸽场自行摸索。

3）科学使用　再硬的颗粒料，也是遇水即化，在形态维持方面与原粮颗粒相比，全价颗粒饲料逊色不少。观察显示，长时间连续使用全价颗粒饲料，容易造成鸽胃肠道，尤其是肌胃萎缩，造成胃肠道功能退化，给乳鸽生产带来诸多负面影响，建议与原粮配合使用。

4）全价颗粒饲料饲喂鸽，营养全面均衡，不需要额外补充保健砂　这种观点只注意到了全价颗粒饲料的营养全面性，忽略了保健砂刺激和增强肌胃收缩运动，参与机械磨碎协助消化饲料方面的功效，故不可取。应用全价颗粒饲料饲喂鸽，仍需要添加保健砂，此时保健砂中营养性添加剂可适当减量甚至不添加，常规性砂砾、砂石仍旧不可或缺。

45 蛋白质浓缩饲料与原粮搭配使用有哪些技巧？

当前规模化鸽场大多都流行配制一种通用的蛋白质浓缩饲料并进行制粒，然后通过与一种或多种不同比例的能量饲料（玉米、小麦、高粱等）进行混合搭配后形成不同类型的全价配合饲料，饲喂不同阶段、不同类型鸽，以此来谋求化繁为简和经济效益的最大化，其中技巧有很多，但最为核心和关键不外乎变与不变。不变，主要指维持蛋白质浓缩饲料质量的稳定性，保证蛋白质浓缩饲料各饲料原料、预混合饲料、添加剂种类、质量、数量和比例的相对恒定，进而维持蛋白质浓缩饲料中能量、蛋白质、钙磷等矿物质元素、维生素、氨基酸等营养素的浓度和含量的不变性。变，则主要指与蛋白质浓缩饲粮搭配的能量饲料原料，其种类和搭配比例，应视鸽品种、日粮、阶段、生产目的、季节、原料价格及产品品质要求而各有不同，以达到或满足不同生产需求所需的各营养素供给，并尽最大程度达到饲料成本最低与经济收益的最大化。

46 全价颗粒饲料与原粮搭配使用有哪些技巧？

全价颗粒饲料虽然营养均衡全面，但仍不被建议长时间连续使用，常与原粮搭配起来，形成优劣互补，其使用技巧主要为因鸽而异和因时而异。

（1）因鸽而异　主要指针对不同类型鸽，应区别对待。以产蛋为生产目的的蛋鸽，是可以长期使用的。尽管长期应用全价颗粒饲料可能带来胃肠道消化功能完整性的部分缺失，但并不影响生产性能及产品品质。笔者认为蛋鸽应用全价颗粒饲料仍旧利大于弊；但对于生产商品乳鸽的肉种鸽而言，其胃肠道消化功能完整性不可缺失，带仔哺喂肉种鸽负荷繁重，应予以保护。

（2）因时而异　主要针对肉种鸽不同阶段而言。对于 1~·2 月龄留种童鸽而言，由于初离亲鸽、刚学会独立采食，尚处于应激适应阶段，应强化营养以全价颗粒饲料为主、原粮为辅（8：2）。3~4 月龄青年鸽，为强化筋骨、培植强劲胃肠道时期，应以全价颗粒饲料为辅、原粮为主（2：8）。配对期肉种鸽一方面处于配对适应期，一方面处于初产蛋阶段，应以加强营养供给为主，可全部饲喂全价颗粒饲料。进入正常哺乳带仔阶段肉种鸽，由于全群亲鸽哺乳期、孵化期、产蛋期交叉同时存在，此时可采用全价颗粒饲料与原粮各半的办法，给鸽群以选择的余地，让其自主选择，并依据所产上市乳鸽体重及亲鸽产蛋间隔来适度调整其比例。依笔者观察来看，带仔繁重的哺乳期亲鸽，偏向于采食全价颗粒饲料；无仔孵化期亲鸽，趋向于采食原粮。

47 什么是饲料添加剂？如何分类？有哪些作用？

（1）饲料添加剂　是现代饲料工业中必然使用的原料，对于配合饲料的饲养效果有着重要作用。所谓饲料添加剂是指为提高饲料利用率，保证或改善饲料品质，满足饲养动物的营养需要，促进动物生长，保障饲养动物健康而向饲料中添加的少量或微量的营养性或非营养性物质。

饲料添加剂应具备的基本条件：①对饲养动物有确实的生产和经济效果；②对人和动物有充分的安全性；③从动物体内排出后，能较快分解，对植物及低等生物无毒害，对环境无污染，符合饲料加工要求。

（2）饲料添加剂的分类　饲料添加剂的种类繁多，随着健康养殖模式的发展和畜产品食品安全的要求，经常有新的饲料添加剂品种问世，也常有一些饲料添加剂产品被淘汰或被禁用，因而饲料添加剂品种也经常更新。目前我国饲料添加剂的通常分类，是按饲料添加剂的性质与作用进行划分，主要包括营养物质添加剂、健康生长促进剂、饲料贮存添加剂、改善饲料质量添加剂等四大类。

1）营养物质添加剂 是根据动物营养标准，补充粮食饲料中缺少和不足的营养物质部分，可以提高饲料效益。主要包括氨基酸、维生素、矿物质和微量元素、工业饲料蛋白。

2）健康、生长促进剂 指可以预防动物常见病，并能提高饲料利用率，促进动物生长的物质。主要包括抗生素、益生菌剂、酶制剂、抗菌药物、驱虫药物、中草药物等。

3）饲料贮存添加剂 指可以延长饲料贮存期或使饲料不变质，本身不起生物效应的物质。主要包括抗氧化剂、防霉制、抗结块剂、青贮和粗饲料调制剂等。

4）改善饲料质量添加剂 指可以改进饲料品质，加强使用效果的物质。主要包括胶黏剂、着色剂、食欲增进剂。

目前使用的畜禽饲料添加剂有400多个品种，常用的有191种（2003年饲料添加剂品种目录）。但由于养鸽业发展的相对迟缓，虽在近年内，我国的肉鸽饲养量不断增加，规模也逐渐增大，终究因其是新兴行业，饲养管理技术也多遵循传统养殖方式，且鸽为素食动物，多采食籽实类饲料原料，对添加剂的使用相对其他畜禽业还不够广泛，研究也较少。随着国内外鸽营养研究者及养殖业主对鸽饲料营养的研究和探讨的不断深入，将会有更多的添加剂应用于提高生产性能或改进产品品质，促进肉鸽养殖经济效益的增长。

当前，肉鸽养殖中添加剂的应用通常采用保健砂的形式来实现，即将一些营养性添加剂通过混合配制成保健砂来补充肉鸽采食籽实饲料原料后距离达到的营养素平衡状态所缺失的营养；或者在保健砂中添加促进肉鸽生长、增强机体免疫类的保健型添加剂。

目前，国内也有一些肉鸽养殖场将饲料原料粉碎后进行制粒，制成丸状的或颗粒型全价饲料，来平衡传统肉鸽养殖模式下的能量、蛋白与氨基酸的不均衡或不稳定状态。限于各地方差异和科研投入的不同，肉鸽养殖中的全价颗粒料的推广应用仍然仅局限在一小部分养殖场或地区，但随着肉鸽养殖业的发展，集约化模式的深入，这种改进可能会有更多的空间。

现将肉鸽养殖中常用的一些营养性添加剂罗列如下，供养殖户朋友们参考选择：

维生素类添加剂：维生素 A、维生素 D、维生素 B_1、维生素 B_2、维生素 B_{12}、泛酸钙、叶酸、烟酸、生物素、氯化胆碱、维生素 C 等。

氨基酸类添加剂：蛋氨酸、赖氨酸、苏氨酸、色氨酸等。

微量矿物元素类添加剂：氯化钠、碳酸钙、磷酸氢钙、七水硫酸镁、氯化镁、六水柠檬酸亚铁、富马酸亚铁、一水硫酸铜、五水硫酸铜、氧化锌、氧化锰、一水硫酸锰等。

健康生长促进剂：植物提取物、酶制剂、抗菌药物、驱虫药物、中草药物等。

48 鸽用新型绿色饲料添加剂的种类有哪些？有何功效？应用中存在哪些问题？

发展多功能、多类别且安全、营养、无毒、无残留的绿色饲料添加剂替代抗生素成为未来健康养殖和社会发展的必然需求。鸽用新型绿色饲料添加剂按产品属性大致可分为饲用酶制剂类、酸化剂、植物提取物（中草药制剂）、微生态制剂等。

（1）饲用酶制剂类 即一类以酶为主要因子的饲料添加剂，因其多来源于生物提取或微生物发酵，且其自身组成为蛋白质，最终降解产物为氨基酸，无残留、无毒害，在畜禽养殖和饲料工业中得到广泛应用。

目前，我国农业部公告 2045 号《饲料添加剂目录（2013年）》中规定允许在饲料中使用的酶制剂共 13 大类，按照功能特点不同可以分为消化性酶和非消化性酶。其中，消化性酶主要为淀粉酶、脂肪酶、蛋白酶等，主要功能是补充动物体内内源性消化酶不足、促进饲料中营养物质消化吸收；非消化酶即功能性酶，主要为植酸酶、纤维素酶、木聚糖酶、β-葡聚糖酶、β-甘露聚糖酶等，主要功能是降解日粮原料中的抗营养物质或动物自身难以消化的物质，提高饲料利用率。

　　酶制剂目前作为一类基础研究与生产应用均比较成熟的添加剂，其使用效果已经得到饲料和养殖业的认可，其主要功能表现在以下几个方面：①蛋白酶等为主的营养性消化酶可以很大程度上改善营养物质在机体内的消化吸收，提高动物的生产性能；②植酸酶可以促进磷与其他微量元素的利用效率，减少动物对磷的排放，降低对环境的污染；③非消化性酶制剂可以有效降解非淀粉多糖类物质，提高营养物质的消化率和能量利用效率；④消除蛋白酶抑制因子、皂角苷、单宁、霉菌毒素等特异性抗营养因子的影响，提高饲料利用率和安全性；⑤酶制剂可以改善动物肠道内环境，调节菌群数量和结构。

　　虽然酶制剂的应用已经非常成熟，但还有一些需要注意和研究的地方：①目前国内还有许多酶制剂产品为固体发酵，生产的复合酶质量不稳定，发酵水平和酶蛋白的产量也较低；②饲料加工对酶制剂活性影响较大，如何减少该影响是酶制剂生产厂家需要解决的问题；③酶制剂测定方法还不能完全适用于饲用酶制剂的酶活力测定；④饲用酶制剂的生物学评价试验方法还不够规范、试验结果缺乏说服力，建立酶、生物特性、动物体三者之间的作用模型才是确定酶的合理配伍、合理用量及潜在营养价值的关键技术与根本途径。

　　（2）酸化剂　　饲料酸化剂是继抗生素之后，与益生素、酶制剂、微生态制剂并列的重要添加剂，是一种无残留、无抗药性、无毒害作用的环保型添加剂。

　　目前，我国农业部公告2045号《饲料添加剂目录（2013年）》中规定的酸化剂约12大类，主要包括磷酸等无机酸和乳酸、富马酸、苯甲酸、柠檬酸及盐类等有机酸。目前市面上的酸化剂产品主要分为单一酸和复合酸，其中应用较为广泛、效果较为明显的为复合酸，大多以无机酸磷酸和一种或几种有机酸组合而成。

　　添加酸化剂可以有效提高机体抗病力，防止疾病发生，促进动物生长发育。其作用机制有以下方面：①为消化道提供酸性环境，激活消化酶活性，延缓胃排空速度，利于营养物质的消化吸收，提高饲料利用率，促进畜禽生长，防止胃肠疾病的发生；②增加饲料适口性，提高仔猪采食量；③降低胃肠道 pH，杀死有害菌或抑制有害菌生长繁殖，促进有益菌生长，提高机体免疫力；④参与机体营养代谢，供给机体营养；⑤可以防菌、防霉、抗氧化，提高饲料质量和稳定性。

目前，行业内的酸化剂产品也是多种多样，质量参差不齐。影响酸化剂效果的因素有以下几点：不同酸化剂种类、有效含量、组成结构、鸽群结构、生产工艺及生产厂家推荐水平均会对使用效果造成影响；不同日粮组分和蛋白质水平及类型会影响酸化剂的应用效果；饲料贮存环境和使用方法会影响酸化剂的应用效果。

（3）植物提取物（中草药制剂）　天然植物提取物（中草药）产品概念比较宽泛，含有丰富且复杂的有机成分，多数成分具有抗菌，抑菌、抗氧化、双向调节机体免疫功能等生物活性。目前，该类产品在我国农业部公告 2045 号《饲料添加剂目录（2013 年）》中规定共 115 种。

天然植物提取物（中草药）目前在养殖终端已经被广泛应用于预防和治疗畜禽疾病，并取得了良好效果。中草药具有药源丰富、作用广泛、安全低毒且不易产生耐药性、无污染、无残留等优点，应用在饲料中能够提高畜禽生产性能，改善肉蛋品质。中草药对机体的作用方式是多种多样的，其主要功能为：①其中的抗菌、抑菌、杀菌和抗病毒物质，可增强免疫机能，提高动物抗病力。一些物质含有的多糖类、生物碱类、苷类、挥发油类等有效成分均能够激发动物机体的免疫能力；②通过缓解应激和调节胃肠道 pH，促进动物机体正常新陈代谢，提高养分利用率，改善动物生产性能；③通过一些特殊香味物质，刺激动物食欲，提高采食量和饲料消化利用率，促进生长；④改善畜禽肉、蛋、奶品质和风味；⑤其中具有生物活性的激素、类激素物质，可调节机体代谢，促进动物繁殖性能的发挥；⑥减轻动物粪便臭味和畜禽舍有害气体浓度，改善环境。

市场上的中草药添加剂产品质量良莠不齐，存在问题主要有：

①中草药配伍和作用机制还不十分清晰，其并非完全无毒副作用，使用不当也会有毒副反应的可能；②复方中草药功效成分复杂，其中某些成分与其他饲料添加剂可能存在颉颃作用，使用前的安全性试验工作相对缺乏；③该类产品大多粗糙，受生产工艺限制，有效活性成分物质含量一般不高；④目前缺乏该类产品的国家或行业标准，质量检测难度较大。

（4）微生态制剂　也称为活菌制剂或益生素，是指利用动物体内正常微生物及其代谢产物或生长促进物质经过特殊加工工艺而制成的一类添加剂。

目前，我国农业部公告 2045 号《饲料添加剂目录（2013年）》中规定允许使用到饲料中的微生态制剂共 34 种，主要包括乳酸杆菌属、芽孢杆菌属、双歧杆菌属、酵母菌等。目前生产上使用的微生态制剂有 2 种，一种为单一菌属组成的单一型制剂；另一种为多种不同菌属组成的复合菌制剂。一般来讲，后者比前者更能促进畜禽生长及提高饲料利用率。

微生态制剂的特点是效果明显、成本低且绿色环保，其作用机制主要为：①维护动物胃肠道微生物平衡，促进有益菌的生长，抑制有害菌的增殖；②促进动物肠道内消化酶、维生素和有机酸等活性物质的合成，增强消化代谢功能，提高生产性能；③降低肠道内有害物质及血氨浓度，减少粪便对环境的污染；④合成消化酶，降低胃肠 pH，杀死部分有害菌群；⑤可以产生非特异性免疫调节因子，刺激机体免疫系统发育，增强机体免疫力。

微生态制剂作为一种活菌制剂，其应用效果受动物种类、饲料组成、加工工艺及使用方法等因素的影响，产品功效的稳定性和有效性还需要深入研究。目前，微生态制剂在以下方面还存在改进和完善的空间：①微生态制剂作用机制的研究还不完善和透彻；②菌株的筛选、培育、发酵等关键技术还有待提升；③菌种针对性不强，菌株的剂量和浓度不够，产品效果达不到真正的预期；④产品效果受饲料加工、贮存和运输等因素影响较大，菌株活性下降；⑤产品活菌不太稳定，在消化道内极易受到胃酸等的影响，使活菌的数量下降，降低对有害菌的抑制作用；⑥微生态制剂缺少针对性，较少考虑作用对象、使用目的和使用环境。

49 什么是预混合饲料？生产中如何正确配制和使用预混合饲料？

（1）预混合饲料 指由一种或多种的添加剂原料（单体）与载体或稀释剂搅拌均匀的混合物，又称添加剂预混料或预混料。作用是有利于微量的原料均匀分散于大量的配合饲料中。预混合饲料不能直接饲喂动物。预混合饲料可视为配合饲料的核心，因其含有的微量活性组分常是配合饲料饲用效果的决定因素。预混合饲料的种类可分为单项预混合饲料和复合预混合饲料。

1）单项预混合饲料 是由单一添加剂原料或同一种类的多种饲料添加剂与载体或稀释剂配制而成的均匀混合物，主要是由于某种或某类添加剂使用量非常少，需要初级预混才能更均匀分布到大宗饲料中。生产中常将单一的维生素、单一的微量元素（硒、碘、钴等）、多种维生素、多种微量元素各自先进行初级预混分别制成单项预混料等。

2）复合预混合饲料 是按配方和实际要求将各种不同种类的饲料添加剂与载体或稀释剂混合制成的均匀混合物。如微量元素、维生素及其他成分混合在一起的预混料。

（2）配制和使用技术

制作原则：制作预混合饲料的规格要求和影响因素很多，但均要遵循如下几个原则：①必须保证微量活性组分的稳定性；②保证微量活性组分的均匀一致性；③保证人和动物的安全性。在预混料中，除了添加剂外，还有载体与稀释剂。因此，作为预混料产品均要符合如下几项要求，方能保证产品质量：①产品配方设计合理，产品与产品配方基本一致；②混合均匀，防止分级；③稳定性良好，便于贮存和加工；④浓度适宜，包装良好，使用方便。

注意事项：①配方设计应以饲养标准为依据。饲养标准是不同饲养目的下动物的营养需要量。它是依据科学试验结果制定的，完全可以作为添加剂预混料配方设计的依据。但饲养标准中的营养需要量是在试验条件下，满足动物正常生长发育的最低需要量，实际生产条件远远超出试验控制条件，因此，在确定添加剂预混料配方中各种原料用量时，要加上一个适宜的量，即保险系数或称安全系数，以保证满足动物在生产条件下对营养物质的正常需要。②正确使用添加剂原料。要清楚掌握添加剂原料的品质，这对保证制成添加剂预混料质量至关重要。添加剂原料使用前，要对其活性成分进行实际测定，以实际测定值作为确定配方中实际用量的依据。在使用药物添加剂时，除注意实际效用外，要特别注意安全性。在配方设计时，要充分考虑实际使用条件，对含药添加剂的使用期、停药期及其他有关注意事项，要在使用说明中给予详细的注释。③注意添加剂间的配伍性。添加剂预混料是一种或多种饲料添加剂与载体或稀释剂按一定比例配混而成的，因此，在设计配方时必须清楚了解和注意它们之间的可配伍性和配伍禁忌。

50 什么是保健砂？生产中如何正确配制和使用保健砂？

（1）保健砂 保健砂指以补充矿物质为主的一类饲料总称，含有鸽所必需的多种矿物质营养元素，用于补充日粮中矿物质的不足。主要成分由沙砾、深层红土、钙源、磷源、食盐、微量矿物元素等组成，个别保健砂还额外添加有维生素、氨基酸及其他饲用添加剂等。现代养鸽大多以圈养、笼养为主，缺少在外觅食、采集沙砾的机会，如果不喂保健砂的话，鸽体质就会变差，种鸽就会产软蛋壳，而且还会发育不良。贝壳粉、石灰石、骨粉和蛋壳粉等主要含丰富的钙、磷等元素，它们是构成鸽骨骼和蛋壳的重要成分；深层红土中含有铜、铁等元素，是机体所需的重要元素；粗、细沙犹如鸽肌胃中的牙齿，具有刺激和增强肌胃的收缩运动、参与机械磨碎饲料、提高鸽对饲料的消化率等作用。

（2）配制原则

1）配方设计 保健砂配方设计主要依据肉鸽对保健砂的采食

量和各种营养物质需要量进行推算。例如1只肉鸽每日需要0.6毫克铁，每日食入3克保健砂，则3克保健砂中应含0.6毫克铁，如用硫酸亚铁补充铁，则应含3毫克硫酸亚铁（含铁20.0%计）。配置1千克保健砂就应添加1 000毫克硫酸亚铁。依此就可以推算出各种添加剂在保健砂中的应配比例。

2）原料的选择与加工

①黄泥：要求取离地面1米以下、无污染、无杂质的干净土，晒干碾碎备用。

②河沙：要求选用河道无污染，经水冲刷过的河沙。如果沙中含有泥土，应用清水淘洗干净晒干备用。河沙的颗粒不宜过细，也不宜过粗，一般麦粒大小比较合适。

③木炭末：要求用新鲜干燥的，如果放置时间过长应用水冲洗干净，晒干碾碎备用。

④贝壳粉：宜选用市售的贝壳粉。如果大块贝壳应洗净晒干碾成0.1厘米左右的碎块备用。

⑤蛋壳粉：要求除去杂质、清洗干净，用高锰酸钾溶液浸泡消毒，或用开水煮半个小时后捞起晒干，碾成0.1厘米左右的碎块备用。

⑥石灰：要求用熟石灰，也可用筛过的石灰渣子，碾碎备用。

⑦石膏：应用药品煅石膏，碾碎备用。

⑧矿物质预混剂：在保健砂中配入2%左右的禽用含硒微量元素添加剂（即禽用生长素），以弥补其他矿物元素的不足。

⑨维生素预混剂：配制保健砂时多选用种禽用复合维生素添加剂补充维生素。

⑩其他：配制保健砂时往往根据鸽的健康状况和生产季节配入一些预防性药物。常用的有酵母粉（起健胃、助消化作用，用量2%左右）、龙胆草末（起消炎杀菌、增进食欲的作用，用量0.6%左右）、微生态制剂（保健、促生长、增强体质和免疫力，提高生产性能）等。

3）两种类型保健砂的配制方法

①粉剂型：按上述各项准备好原料后，根据配方要求先将用量比较大的原料倒在一起，充分搅拌均匀，然后取少许与维生素等用量比较小的原料单独混匀，混匀后再加入等量混合好的大宗原料混匀，然后再倒在一起充分搅拌均匀即成。配方中的原料，绝大部分是颗粒较粗和片状较小的，可以采用这种方式配制，其特点是既便于鸽采食，又省工省时。但是缺点也很突出：原料形态迥异，肉鸽摄取微量营养物质不均匀，浪费大、饲喂周期长（一般7天添加一次），容易污染、易变质，不利于保存，添加方式单一，不能适应规模化、现代化肉鸽生产。

②颗粒型：有球形和柱形两种。主要是在粉剂型配方基础上把贝壳粉或沙砾取出，将剩下的原料进行粉碎、过筛、烘干，然后按工艺进行配合，配好后放入搅拌机混合，搅拌结束后放入机械制粒机制粒（球形或柱形，硬度要控制好），最后将颗粒料和贝壳粉或沙砾混合形成颗粒型保健砂。颗粒型保健砂首先由中国农业科学院家禽研究所卜柱等提出（种鸽、青年鸽、蛋鸽等3个发明专利），现在已经广泛应用于生产，顺应了肉鸽规模化、标准化生产需求，推动了肉鸽业的健康发展。

4）配制保健砂应注意的事项　①在配制保健砂时，要根据当地现有原料的情况选择一种比较经济又便于配制的配方。一种保健砂的质量要经过一段时间的应用后才能看出效果，一般不要轻易更换保健砂配方。必要时可根据鸽群的健康状况添加一些药物，根据具体情况可有针对性地调整1～2个成分的百分比含量，用于预防一些疾病的发生和治疗已发生的疫病。在调整配方时，要注意给鸽一个适应过程。②保健砂要现用现配。配好的保健砂不能存放时间太长，特别是加有维生素的保健砂。因为维生素及其他有效成分极易被破坏，所以保健砂最好现用现配。配制好的保健砂要密封避光保存。③配制保健砂应根据不同品种、不同季节及不同生理阶段对各种营养物质的需要设计配方，并应根据饲喂效果进行必要调整，且不可生搬硬套。

常见保健砂配合示例：

①非育雏期种鸽（蛋鸽）用：黄泥 25％、河沙 23％、贝壳粉 15％、蛋壳粉 10％、熟石膏 5％、熟石灰 5％、木炭末 5％、骨粉 5％、食盐 5％、微量元素预混剂 1.8％，种禽用复合维生素预混剂 0.2％。（可以适当添加中草药、微生态制剂等。）

②育雏期种鸽用：黄泥 18％、河沙 20％、贝壳粉 20％、蛋壳粉 10％、熟石灰 7％、骨粉 8％、木炭末 6％、食盐 3％、熟石膏 5％、龙胆草粉 0.6％、甘草粉 0.4％、微量元素预混剂 1.8％，种禽用复合维生素预混剂 0.2％。

③青年鸽用：黄泥 24％、粗河沙 25％、贝壳粉 30％、木炭 10％、骨粉 5％、食盐 4％、微量元素预混剂 1.8％，种禽用复合维生素预混剂 0.2％。

四、饲养与管理

51 什么是无抗饲养？为什么要推行无抗饲养？

无抗饲养,即畜禽日常养殖过程中不用抗生素、激素及其他外源性药物。无抗饲养是我国养殖业发展的必然方向。一方面来自政府部门自上而下的政策、法规、条例颁布实施；另一方面来自消费者自下而上的消费导向和诉求；此外，还有来自社交媒体的评论报道和多方呼吁。

近年来，世界各国均意识到抗生素滥用产生的问题。由于在养殖中应用抗生素具有明显经济效益，加之当前高密度规模化养殖情况下动物健康状况较差，造成养殖业对抗生素应用较为依赖。在我国养殖业从业人员普遍素质较低情况下，超限额、超品种的滥用抗生素现象普遍存在，造成养殖产品中抗生素残留指标较高，严重威胁食品安全。

养殖业中抗生素的滥用，加大了动物疾病防治的难度，更直接或间接地危害了人类的身体健康。例如动物畜产品药物残留使人类病原菌产生耐药性，产生"超级病菌"。研究表明，畜牧业抗生素滥用是人兽共患病之源。在荷兰，人类"超级病菌"（抗甲氧西林金黄色葡萄球菌或抗苯唑西林金黄色葡萄球菌，MRSA）感染病例中，20％感染自一种最初仅出现在猪体内的新型病菌。发表于《美国医学协会学刊》的研究认为，2005 年全美有 10 万"超级病菌"病例，其中有 1.9 万例死亡。

在发达国家已开始流行不使用抗生素的养殖方法，即无抗养殖方法。例如，瑞典早在 1986 年迈出第一步，宣布全面禁止抗生素用作饲料添加剂。丹麦也陆续禁止了多种抗生素作为生长促进剂使用。至 2008 年，丹麦国内养猪生产中抗生素的使用量比最高时减少近 50％。2006 年，欧盟成员全面停止使用所有抗生素生长促进剂。2016 年，麦当劳美国地区门店将停止出售使用了人类抗生素的鸡肉。

停止使用抗生素的主要困难在于动物疾病率上升，养殖效益下降，表现为畜禽发病率和死亡率增加、治疗性抗生素使用量加大、饲料转化率降低、生产成本增高等。在我国，由于规模养殖的环境控制、养殖模式、营养供给、防疫条件均不如欧美国家，可以想象，如果直接禁止在养殖中停用抗生素，其所带来的影响与冲击巨大。

当前世界范围内，无抗饲养多以畜禽日常饲粮或饲料中停用抗生素形式出现。当畜禽发生疾患或个别感染需要治疗时，抗生素使用仍旧不可或缺或是避免。此时的抗生素使用，多严格执行兽用抗生素应用规范，禁止人用抗生素使用。

52 什么是"2+4"生产模式？

"2+4"生产模式是 1 对种鸽哺育 4 只乳鸽的肉鸽生产模式。最早由华南农业大学与肇庆市贝来得经济发展有限公司依托广东省肉鸽产业科技创新中心研发而成，目前该生产模式广泛应用于鸽场，大幅度提高了生产效率和经济效益。这种高效的生产模式，集成了亲鸽筛选技术、管理与孵化技术、营养配方技术和疫病防控技术。只有四项技术配套使用，才能实现"2+4"生产模式的高产稳产。

（1）亲鸽的筛选技术　在一个鸽场或鸽舍里，并不是所有亲鸽都可以以"2+4"模式生产商品乳鸽，需要进行筛选，只有达到标准的亲鸽才能执行"2+4"模式。

对亲鸽的要求有以下几点。①年龄适宜：一般要求年龄为1～4岁的鸽，此年龄段的鸽正处在繁殖的高峰期，有一定的孵化育雏经验，身体好，耐疲劳；②母性好：爱护雏鸽，喂的次数多，喂得饱，乳鸽发育好，合格率高；③生产性能高（"2+2"模式）：要求每窝产蛋2枚，受精率、孵化率和乳鸽成活率都在85%以上，残次品率要低于0.5%，年产成品乳鸽14~16只以上，乳鸽25日龄平均体重达550克以上；④抗病力强：在执行"2+4"模式中，筛选工作一直贯穿全过程，发现不健康或不合乎要求的亲鸽要及时调出或淘汰，及时补充优良亲鸽，始终保持生产群的高产性能，生产群不是固定群而是一个动态群。

（2）孵化与管理技术

1）孵化技术　包括自然孵化和人工孵化两种。为提高繁殖率，"2+4"模式必须走自然孵化和人工孵化相结合的路子。（具体孵化技术见问题32。）

2）并仔技术　将蛋收集后，50%的亲鸽放入2枚模型蛋，其他50%的亲鸽继续产蛋，待人工孵出的乳鸽出壳后，放入孵模型蛋的亲鸽蛋窝中，把模型蛋拿走，每窝放4只。需要强调的是，孵模型蛋的比例、并窝数量和时间非常重要。

3）饲喂技术　增加喂料次数（每天5次以上），少喂勤添，保证亲鸽的哺喂需要。

4）环境控制技术　"2+4"模式下，乳鸽多，亲鸽吃得多、喝得多、排泄得多，环境容易恶化，必须加强清粪、通风、排湿、消毒，保持良好的繁殖环境非常重要，以防止呼吸道疾病和毛滴虫病的发生。

（3）营养搭配技术　乳鸽指孵出后1~28日龄的雏鸽。乳鸽是肉鸽生产的最终产品，因此，乳鸽的产出率、残次品率和体重规格是决定经济效益的重要指标。要养好乳鸽，关键是养好亲鸽，要使"2+4"模式的潜力发挥到极致，获得最大的经济效益，营养是核心，不同的生产模式，营养要求不一样。"2+2"模式：蛋白质15.5%，能量11.5兆焦/千克；"2+3"模式：蛋白质17%~18%，能量12.0兆焦/千克；"2+4"模式：蛋白质20%~22%，能量12.5兆焦/千克。

肉鸽消化能力较弱，乳鸽的消化能力更差，因而要求必须使用优质饲料原料，并适当添加酶制剂。而由于各规模化鸽场所用原料存在差异，上述能量蛋白为标准玉米豆粕型日粮营养浓度参数，各场还需要根据所产乳鸽体重、肥瘦品质及亲鸽体质状况进行灵活调整。

（4）疾病防控技术 肉鸽的"2+4"生产模式，亲鸽的劳动强度增加很多，体力消耗大，抗病力明显降低，患病的概率增加，必须加强疾病的防治工作。增加鸽舍内消毒次数，定期消毒。适量通风，保证鸽舍内空气清新。饲料中添加中草药及益生菌类，保证亲鸽健康。要加强免疫工作，适时检测抗体，根据抗体水平决定是否需要免疫。

53 什么是"双母鸽拼对"生产模式？

鸽有别于其他家禽，一直传承"一夫一妻"制生产模式。近年来人们在生产中发现，鸽群中存在母母配对同性恋现象，具繁殖行为且均能产蛋。该模式的可行性已通过小群试验和探索研究验证，并已在生产中推广应用。因此，打破了鸽传统、单一的"一夫一妻"制生产模式，并将"母母拼对"饲养模式应用于鸽蛋专门化生产（理论基础见问题 30）。该模式需要做到以下几点达到高产高效。

（1）选好种鸽 ①目前我国还没有专用的蛋鸽品种，产蛋鸽多从现有的产肉鸽良种中挑选；如果是已经进行人工孵化的肉鸽场，应将最高产的 25%种鸽所产蛋孵化出的后代留作蛋鸽种用。同时，从低到高将每月只产蛋 1～1.5 窝的蛋鸽淘汰。按目前的生产技术水平，选出每月产 2.5 窝（即 5 枚蛋）的种鸽作为高产蛋鸽设计目标。②换毛期选种：选择换毛期间不停产蛋的高产种鸽的后代作为蛋鸽使用。③每枚鸽蛋以 20 克左右为宜，将产蛋过大（28 克/枚以上）或过小（17 克/枚以下）的鸽淘汰。因为若产蛋过大，则形成蛋的周期过长，很难实现月产 2.5 窝；产蛋过小，虽然周期缩短，产蛋多，但是鸽蛋品质差，售价低。

(2)早期性别鉴定 在乳鸽饲养至10～14日龄时，采用生物技术方法开展早期性别鉴定，母鸽留作商品蛋鸽，公鸽作商品乳鸽处理；该技术极大地降低了蛋鸽的饲养成本。

(3)双母配对 商品蛋鸽实现双母配对的方法主要有自然配对和人工强制配对两种。①自然配对：筛选出的母鸽饲养至4～5月龄时，在大型散养青年鸽笼中进行自然配对；对未能实现自然配对的母鸽，则需进行人工强制双母配对。②强制配对：采用直接将2只母鸽放在1个蛋鸽笼中的配对方法，观察2～3天后，如2只母鸽不打斗，则表示配对成功。

(4)及时捡蛋 鸽的特性是连续产蛋2枚后即孵化。方法是在产蛋鸽产下第2枚蛋后一并取出（用自动滚蛋笼的除外）。

(5)科学配料 双母鸽拼对以产蛋为目的，无哺育任务，所需营养物质浓度有别于带仔亲鸽。常规能量、蛋白质、赖氨酸、蛋氨酸、钙、可利用磷需要量依次为11.5兆焦/千克、13.5%、0.72%、0.30%、1.20%、0.45%。双母拼对蛋鸽饲料推荐配方见表4-1、表4-2。

表4-1 双母拼对蛋鸽饲料推荐配方一：全价颗粒料

原料	每千克饲料中含量（克）	预混料	每千克饲料中含量（克）
玉米	663	氯化胆碱	0.3
豆粕	168	植酸酶	0.15
小麦	100	维生素E（生育酚）	0.15
磷酸二氢钙	12	硫酸黏菌素	0.1
石粉	35	复合维生素	0.35
沸石粉	1.65	微量元素预混剂	2
盐	4	赖氨酸	1.3
预混料	6.35	大蒜素	0.1
豆油	10	乙氧基喹啉	0.4
总计	1 000	蛋氨酸	1.5

表 4-2　双母拼对蛋鸽饲料推荐配方二：原粮＋颗粒料（玉米 45%～55%，小麦 15%～10%，浓缩配合料 40%～35%）

浓缩配合料	每千克饲料中含量（克）	预混料	每千克饲料中含量（克）
玉米	458	赖氨酸	1.00
小麦	100	蛋氨酸	1.80
酒糟蛋白饲料（DDGS）	30	氯化胆碱	1.20
豆粕	320	植酸酶	0.20
盐	5	维生素 E	0.20
石粉	45	复合酶	0.50
磷酸氢钙	20	硫酸黏菌素	0.20
油	10	多维拜固舒	0.50
沸石粉	1	微量矿物质	5.00
预混料	11	乙氧基喹啉	0.40
总计	1 000		

54 什么是"多母鸽群养"生产模式？

"多母鸽群养"生产模式，即四只母鸽及以上同置一笼进行饲喂，以鸽蛋生产为主的一种蛋鸽专门化、规模化生产养殖模式，主要以配对和群体效应对鸽产蛋显著影响的理论为基础，为当前蛋鸽养殖行业的前沿技术，主要分为多母鸽笼养模式（高产模式）和多母鸽放飞棚模式（福利养殖，便于洗浴）两种。"多母鸽群养"生产模式下，母鸽会自行寻找配偶，配对产蛋，同时，笼具及配套设施的更新，大大提高了动物福利；但总的产蛋率不及"双母鸽拼对"模式，因此还有待进一步研究。

55 什么是"鸽猪联营"生产模式？

"鸽猪联营"，简单讲就是将落地料经消毒处理发酵后再适当添加辅料加工成猪饲料喂养猪的循环养殖模式。

（1）落地料喂猪生产工艺流程　落地料过筛、除尘、除杂→杀菌、消毒、晒干＋益生素 2％＋酵母粉 2％＋15％～20％玉米糠（米糠、麦糠）→混合拌匀→装缸→发酵 5～7 天→发酵料发出甜酒香味→出缸→混合外援辅料→倒入饲槽直接喂猪。

（2）"鸽猪联营"，实现鸽猪双丰收　某企业占地近2.67万米²，目前养殖区8 000米²、果树牧草区1.33万米²，周边为田野山林，交通方便。该园创办于2003年，以养鸽为主业，用鸽落地料发酵后喂猪，猪粪、尿进沼气池，产生的沼气用来解决职工的日常生活用气及为小猪保温提供热能，沼渣、沼液用来为牧草和果树施肥，牧草再作为猪的青饲料，实现了一次投入多次产出的循环种养殖模式。目前有鸽舍8栋，每栋可养种鸽800～1 000对；青年鸽舍300多米²，可养青年鸽1 500对；猪舍1 000多米²；沼气池100米³。现有种鸽7 000多对，2011年出售乳鸽15.12万只，生猪存栏（含母猪112头）保持在800头左右，年出栏大小生猪1 500多头。在周边猪场养猪微利或亏本的情况下，该园的生态猪每头盈利600元，实现了鸽猪双丰收。

56 童鸽的饲养与管理要点有哪些？

童鸽指被选留下来用作种用的 30～60 日龄鸽。该段时间鸽最容易生病，加强营养和防病是本阶段管理重点。

（1）饲养方式　保育笼饲养，3～4 只/笼。

（2）喂料要定时、定质和定量　童鸽消化系统的功能尚未完善，消化饲料的能力较差。刚离巢鸽2～3 天内虽会觅食和吃食，但常常只会将食物啄起又掉下，而不会把食物吞咽进嗉囊内，因此尽量选择小颗粒或破碎料饲喂，饲料转换要缓慢，饲料品种、数量、比例应与其亲鸽相同。

（3）给予清洁饮水　在饮水中适当加入电解多维和健胃药，诱导饮水，同时要供给充足的保健砂。如果采用人工控制饲喂方式，一定要严格遵守定时定量的操作规程。

（4）细心照料　冬春季节要注意防风保暖，夏秋季节要注意防暑、通风、防蚊。同时要搞好场地、饮水器、料槽等卫生消毒工作。

（5）加强观察 30～40 日龄的童鸽，由于离亲鸽后独立生活，有些不能自食，有些鸽表现不太适应，所以要加强观察，即看动态、看饮食、看粪便。

（6）注意换羽期管理 50～60 日龄开始换羽时，要加强管理。

1）调整饲料，加强保健 增加日粮中能量饲料的比例，可达89％～90％，适当增加含能量高的火麻仁（5％～6％）或油菜籽（占 1％～3％）比例，以促使换羽。

2）预防疾病 换羽期童鸽生理变化较大，对外界环境条件的影响较敏感，抗病力较弱，易受沙门氏菌、毛滴虫、球虫等感染，并常患感冒和咳嗽。预防措施是在保健砂中添加穿心莲、龙胆草等中药；饮水中交替添加维生素、微生态制剂等。对病鸽应及时隔离治疗。

57 青年鸽的饲养与管理要点有哪些？

青年鸽指 61～180 日龄的鸽，饲养管理方法除延续童鸽的一些管理措施外，还应根据此阶段的特点来进行饲养管理。

（1）饲养方式 飞鹏饲养，公母分开。8～12 只/米^2。

（2）设施条件的完善 设有充足的料槽、饮水器，有足够的栖架。定期喷雾消毒，减少鸽体外寄生虫。

（3）选留后备种鸽 童鸽转入飞鹏时进行第二次后备种鸽选择，去劣留良。然后对这批鸽进行一次药物预防和驱虫。

此阶段比较容易感染疾病，要针对肠道疾病和呼吸道疾病定期进行预防性用药，建议多使用微生态制剂和中草药等抗生素替代品饲喂预防。同时注意天气预报，如遇大风大雨寒潮，要特别注意并进行抗应激处理。注意鸽舍通风，坚持每天鸽舍内外消毒。加强鸽舍防护措施，防鼠、防鸟、防猫、防蛇。

（4）限制饲养 若后备鸽较肥胖、早熟，常常会出现早产，产无精蛋、畸形蛋，第一窝蛋受精率低等不良现象。从种鸽的利用年限和经济效益方面考虑，需对后备鸽在 3～4 月龄进行限制饲养。其方法是定时、定量，每次不宜喂得过饱，每只鸽每天喂料控制在

8成左右，约半小时吃完，一般为30～35克。保健砂供应充足，每只用量3克左右。

青年鸽在生长发育过程中要多次进行抽样称重，因为良好的体重是青年鸽发育的重要标志，也是培育高产种鸽坚实的基础。

（5）改善日粮水平　调整5～6月龄青年鸽日粮组成，提高日粮的质量和增加日喂料量，这可促进青年鸽成熟且发育比较一致，开产时间比较整齐。这个时期的鸽发育已趋向成熟，主翼羽脱换七八根，此时调整日粮组成显得非常重要。日粮组成为：豆类饲料占25％～30％，能量饲料占70％～75％，每天饲喂2次，每天每只饲喂40克，这时日粮的蛋白质水平不能低于15％。保健砂中添加微量元素、维生素和氨基酸等。

特别提醒：①注意青年鸽的换毛情况，春天留种的童鸽，先换翅膀上的主条及翅膀上的小羽毛。这阶段，大部分鸽已经换1～3根主翼羽，青年鸽需要大量营养尤其是钙，因此要及时补充钙；并提高饲料中蛋白质含量，保证青年鸽的营养需求；同时，也要注意青年鸽的健康状况，因为这时青年鸽的体质下降，易发生疾病。②如果是11月至翌年2月留种的青年鸽，一般换毛是先换体毛，不换主羽条；而3—5月，到7—10月留种的青年鸽一般都是先换主羽条，一般换到第二根主羽时才开始换体毛。11月至翌年2月出壳的留种鸽一般在第一年换2次羽毛，对童鸽的身体健康有一定的影响。

（6）后备鸽的保健　①重点预防青年鸽中的单眼伤风，俗称鸟疫症。主要是青年鸽在60～100日龄时的常发疾病，主要经麻雀及羽毛、灰尘、蚊子等呼吸传播。主要预防措施：提高青年鸽的自身抵抗力，加强营养，及时清除羽毛及粪尘，有条件的不让麻雀进入青年鸽舍，做好饲养员的消毒工作。②配对前20天左右做一次成年鸽体内外寄生虫清除工作，包括毛滴虫、球虫、蛔虫、鸽蚤、羽螨等。在处理好寄生虫以后，应补充维生素及电解质，以保证成年鸽的健康。

（7）配对上笼　当青年鸽的10根主翼羽更换完毕即可配对、

上笼，进而转入繁殖鸽舍进行生产。本阶段限饲结束，饲料营养水平要提高，能量饲料要全面，同时增加保健砂、维生素供应量；140日龄后，早熟品种从体型、羽色及活动中表现均已成熟，可以批量上笼，在上笼过程中进行去劣留优，挑出不合格的成年鸽（羽色杂乱、无品种特征；龙骨弯曲、身体有残缺；母鸽体型偏瘦小、发育不良、龙骨短细；公鸽龙骨细、发育不良、体重偏轻小、没有雄性特征等）完成第三次选种。

58 配对鸽的饲养与管理要点有哪些？

青年鸽长至5～6月龄，这时便进入性成熟期，一般在更换10根主翼羽时就开始配对、繁殖，此时的鸽称为产鸽。种鸽的配对工作是生产中的一个重要环节，应做到及时配种，尤其是对新建鸽场大批引进繁殖鸽时更为重要。如果配对的方法得当，便能及时完成配对，提早繁殖。

（1）配对原则　必须准确地鉴别公母、年龄，严禁近亲配对。对早期已进行性别鉴定的鸽，此时应按照体形相近的原则强制配对。

（2）新配对鸽的管理　产鸽主要是根据繁殖育种的要求，按体型、外貌和繁殖力进行有目的的配对。若性别鉴定准确，配对恰当，上笼后几小时就能相互共处，2～3天后相处就很融洽。但对初配的种鸽，开始几天饲养员要每天观察几次，发现个别配对不当应及时拆散、重配。配对不当的情况有：两只都是公鸽或母鸽；或虽是一公一母，但不愿相配的；如果都是母鸽，它们之间可能不打斗，但所产的蛋都是无精蛋或不产蛋，遇到这种情况应仔细观察和重新进行鉴别，把公母调配好。

（3）日粮　饲料不足和管理不善的鸽场，会出现产单蛋的现象。对快要产蛋的种鸽，应及早提高日粮的营养水平，调高豆类比例，供给充足的保健砂、维生素，并增喂富含磷、钙的矿物质（如蛋壳等），以提高鸽蛋重量与蛋壳强度，减少孵化时鸽蛋的破损和增加初生雏鸽的体重，促使早产蛋，减少无精蛋。

（4）异常现象的处理　若配对后产生异常，则须查明原因，采取相应措施：①配对后连续产3~4枚鸽蛋，可能两者都是母鸽，应及时调整。②连续打斗。其原因一是两只公鸽；二是母鸽未发育成熟；三是母鸽配对前已有对象，恋旧，对现在的公鸽无感情，尤其若公母不配，打斗得厉害，母鸽常常会被啄得头破血流，应及时分开公母打斗的成年鸽。③配对后有些初产鸽性格暴烈，情绪不稳定，常踩破蛋，弃蛋不孵，导致死精、死胎，使孵化失败。遇到这种情况，应利用保姆鸽代孵。④成年鸽在配对时，体能消耗很大，尤其是母鸽，这时可适当地增加维生素及提高饲料中的蛋白质比例。

59　孵化期种鸽的饲养与管理要点有哪些？

种鸽上笼配对到孵蛋，一般分为配对坐窝、产蛋和孵化3个阶段。

（1）配对坐窝阶段　这个阶段指从配对到产蛋前七八天。坐窝是种鸽生命中最重要的阶段。管理上需要注意：①一次性将日龄相等或相近种鸽全部成对迁入同一个棚舍内（指笼养）。②尽可能满足同时迁入数量相等的公鸽和母鸽。③保证全部鸽都能充分采食和饮水。坐窝安定的种鸽，即会交配产蛋。

（2）产蛋阶段　在公母鸽交配次数明显增加时，说明很快就要产蛋了。这时，应该在巢盆内垫上一层垫布。一般配对后10天左右就会产下2枚蛋。

1）巢窝管理　新的巢窝，要铺垫布，让鸽坐窝；对经产巢窝，在乳鸽下巢时应更换垫布。为了保证孵蛋鸽的安全，生产鸽舍外要加围网，防止鼠、猫、蛇等侵入，避免惊扰，以保证生产顺利（图4-1）。凡是受敌害惊吓过的种鸽，大多不肯孵化，因此发现有不肯孵化的种鸽时，要查明是什么原因，干扰来自何方，并加以排除。要防止贼风侵入巢窝，或巢房漏雨浸湿种蛋等。

2）产蛋开始　饲养员应注意观察产鸽的繁殖动态，当公鸽在笼周围积极寻找杂物（羽毛）带入巢盆，而母鸽又较长时间蹲伏在

图 4-1　生产鸽舍外加围网

巢中，甚至喂食时也不愿离巢，表明母鸽即将产蛋。对有些常把蛋产于巢窝外的母鸽更应注意，应及时将其赶入鸽巢产蛋。

3）查蛋　开产初期，无精蛋会多些，但受精率低于 70% 则属不正常，此时应检查配对是否合理、有无全母情况出现、保健砂是否按配方要求供给。营养不全面时，常出现软壳蛋、薄壳蛋、沙壳蛋。尽量减少破蛋，造成破蛋的原因有很多：一是巢窝结构不合理，没有把巢窝放好或者底部过分平坦，两蛋不集中，易被亲鸽踩破；二是两鸽感情不和，尤其是新配对的鸽性格暴烈，情绪不稳定，常常相啄，窜来窜去，导致蛋被踩破；三是受陌生人或野生动物等惊扰，饲养人员工作时不细心，使鸽受惊而踩破蛋；四是鸽的体重太大，加之鸽巢位置不当，也会踩破蛋；五是鸽因体内缺乏某些元素或恶习而吃食鸽蛋。

（3）孵化阶段　鸽在产 2 枚蛋后，正式开始孵化（图 4-2），一般孵化期为 18 天。若超过 20 天，鸽会放弃孵化。孵蛋工作由公母鸽共同承担。对蛋的管理是这一阶段的关键。

图 4-2　专心孵化

1）减少环境应激　蛋的孵化需要一个稳定的孵化温度。亲鸽长时间离巢，会发生冷蛋，导致孵化失败。为了让亲鸽专心孵化，生产鸽舍要避免强的光线照射和邻鸽的干扰；要认真做好灭鼠，避免蛇、猫的危害。禁止陌生人入内或突然出现噪声而使亲鸽受惊。

2）做好保暖降温工作　鸽自然孵化温度不是人工控制的，受自然温度影响很大。寒冬季节，孵化早期易引起死胎，应做好鸽棚保暖，防止贼风的侵袭等。酷暑季节，孵化后期易引起死胎，应做好降温工作，如及时遮阳，防止烈日直射，开窗通风，地板洒冷水；条件好的鸽场可以用风扇、湿帘降温。

3）供应优质日粮与清洁饮水　孵化中的产鸽，由于活动少，孵化过程时其新陈代谢较慢，采食量下降，孵化期供给的饲料应注意质量和可消化性，不间断地供应清洁饮水，每天供给新鲜保健砂。

4）防止公母鸽争相孵蛋　经产鸽尤其是老龄鸽，就巢性强，相互调换孵化本能失衡，常争着孵蛋。鸽蛋在孵化1周后，蛋壳变薄，极易被压挤而破壳，造成不必要损失，这是孵单蛋、出单雏的主要原因之一。有效预防方法是将老龄鸽及时淘汰。

5）取蛋　不论查蛋还是并蛋，均需将蛋取出。取蛋时动作要柔和，切忌粗暴，并戴上线手套（以防啄伤）。取蛋时手心向下，手通过鸽的腹部，轻轻托起巢中亲鸽，再将蛋抓起，取出；放回蛋时，同样是手背向上，抓住蛋，托起巢中亲鸽，将蛋放回鸽巢。

6）做好查蛋、照蛋和并蛋　饲养员每天都要查蛋，通过观察蛋的颜色推测孵化情况。若发现蛋壳上沾有粪便，应用纱布抹干净；若粪便已干结，应用冷水使其软化后再抹除。因为粪便污染了蛋壳，病菌可在孵化过程中穿过蛋壳侵入蛋内，导致胚胎死亡。在孵化期内，应分别在第5天、第10天各进行一次照蛋，对无精蛋（俗称光蛋，下同）、死精蛋（红根蛋）和死胚蛋（臭蛋）应及时取出，同时及时对单蛋进行并蛋，提高孵化效率。对弃孵鸽的处理：有些新配对的种鸽，在产下2枚蛋后仍不愿孵化，应将它们的种蛋并给其他种鸽孵化。

60 育雏期种鸽的饲养与管理要点有哪些？

育雏期种鸽的饲养管理是种鸽生产过程中最复杂的一个阶段，它包括种鸽自身的管理和乳鸽生长的管理。

（1）乳鸽生长特点

1）生长速度　经过 18 天的孵化，雏鸽破壳而出（图 4-3）。刚孵出时身体很小，喙相对于其躯体显得出奇的大。眼睛不能睁开，躯体软弱，不能行走，斜卧在亲鸽腹下，潮湿绒毛在亲鸽身体温暖下迅速干燥。24 小时后才知饥饿，开始觅食，不能自行采食，靠亲鸽哺育才能成活。乳鸽的生长速度快，孵出后 48 小时体重就增加 1 倍（图 4-4）。

图 4-3　雏鸽破壳而出

图 4-4　健康生长的乳鸽

2）觅食　乳鸽感觉饥饿时，将嘴向上抬起寻找食物，触动亲鸽的腹部和嗉囊。亲鸽（无论是公鸽还是母鸽）就会稍微向后退去，露出雏鸽，低头对其饲喂鸽乳。亲鸽将喙张开，而雏鸽在亲鸽帮助下，将自己的喙伸入亲鸽口腔之中，亲鸽此时的动作非常轻柔，其下喙紧挨颈部羽毛（图 4-5）。喙两侧两颊鼓出，形成一个较大区域，鸽乳就轻柔地呕入口腔，雏鸽仅将喙微微张开，将鸽乳吸入其口内，使嗉囊很快充满鸽乳，即完成了亲鸽口对口地将鸽乳吐喂给乳鸽这一过程。出壳后至 4 日龄的乳鸽，亲鸽喂给稀薄的鸽乳。第 1～2 天的鸽乳呈微黄色乳汁液，与豆浆相似，第 3～5 天鸽乳呈浓稠状；第 5～7 天分泌的鸽乳为流质液体，并夹杂有经过软化发酵后的半碎饲料。所以，在雏鸽 3～7 日龄这段时间内，应注意在亲鸽的日粮中添加小麦、小米等小颗粒谷物。随着乳鸽日龄的增长，鸽乳中的饲料含量越来越多，从小颗粒饲料逐渐变为原谷类和豆类颗粒饲料。10 日龄后，亲鸽全部给乳鸽吐喂原谷类、豆类颗粒饲料。繁殖力强的种鸽，当哺育至 2 周龄左右时，母鸽又会产蛋，这时公鸽承担哺育任务。25日龄左右乳鸽开始学啄颗粒饲料，1月龄时可以断乳而独立生活。

3）乳鸽的日喂量　乳鸽食欲旺盛，饲料转化率高，每天都可吃下几乎相当于其体重的食物。在自然情况下，亲鸽上午喂得最多，其次是下午，中午最少，夜间极少哺喂。而且乳鸽的食量随着日龄的增长而逐步增加，10～20日龄食量最大，以

图4-5　亲鸽耐心饲喂乳鸽

后逐步递减。28～30日龄亲鸽的哺喂量很少，这主要是亲鸽在乳鸽达15～25日龄时又开始产蛋孵化，上午、下午大多由一只亲鸽哺喂，故其数量逐步减少；25日龄左右的乳鸽开始学啄饲料，亲鸽为了使其适应日后独立生活的需要，开始减少哺喂量（图4-5）。这时还经常可见到亲鸽轻啄驱赶乳鸽的行为，即所谓的"逐巢"。

4）羽毛的生长　乳鸽出壳6～7天时可见到羽毛。有色羽毛在其钻出皮肤之前即可看到。乳鸽的羽毛生长速度与饲料的营养水平及增重速度关系密切。3周龄以前最快，以后减慢。

（2）乳鸽的饲养管理　①生产鸽舍。尽量保持鸽舍安静不受惊扰，最好不让陌生人到舍内参观，以免产鸽惊慌踩死仔鸽。②给亲鸽补喂高蛋白质饲料、矿物质、微量元素和多种维生素，提高饲料质量，满足乳鸽迅速生长对各种营养的需要。③2～5日龄乳鸽容易喂得过饱，出现消化不良时，可以给公母鸽各喂2片酵母片，让药物通过鸽乳带给乳鸽。④乳鸽在巢盆内积粪较多，应随时更换垫布；注意舍内空气质量，常清粪，保持舍内清洁干燥。⑤注意预防毛滴虫病、副伤寒、鹅口疮和鸽痘；主要是平时搞好饲养管理，加强卫生消毒防疫工作，饲养密度要合理，保持鸽舍通风良好，供给充足的全价饲料和新鲜的保健砂，增强鸽自身的抵抗力。避免各种原因引起啄癖或机械性外伤，杜绝鸡鸽混养。⑥乳鸽10～14日龄时，可以将乳鸽从巢盆移至笼下垫布上，同时清洁巢盆换上干净垫

布，给种鸽产蛋做好准备。⑦14 日龄左右高产的母鸽又开始产蛋，注意已经产蛋母鸽的喂仔情况。如果发现有的产鸽不喂仔，要将仔鸽隔离出来并窝饲养或进行人工哺乳。⑧20～25 日龄后，乳鸽已能在笼内活动，但还不能自己啄食，仍然依靠亲鸽哺喂。因此，饥饿时用自己的喙去碰亲鸽或用身体去摩擦亲鸽讨食，这时亲鸽会开始强迫乳鸽独立生活，做出不愿照料乳鸽的动作。此时，在管理上应增加蛋白质饲料的供应。

（3）育雏期种鸽的饲养管理　乳鸽的死亡多发生于刚孵出不久，因此，适时护理非常重要。

1）调教亲鸽哺喂乳鸽　乳鸽出生体重仅 14～20 克，无自食能力，本能地用头部触动亲鸽腹部或嗉囊（图 4-6、图 4-7）。待 24 小时左右才知饥饿，但一般在 4～5 小时内需由亲鸽哺育，个别亲鸽尤其是初生种鸽，此时若不哺喂乳鸽，应给予调教。调教的方法是把乳鸽的喙小心地插入亲鸽口腔中，经多次重复后亲鸽就会哺喂。如果还不哺喂，应迅速找出原因并采取相应措施，如亲鸽有病的则治病，母性极差的予以淘汰；对失去照顾的乳鸽，采用并窝或人工哺育等。

图 4-6　刚出生的乳鸽无自食能力　　图 4-7　调教亲鸽哺喂乳鸽

2）及时更换巢盆垫料　乳鸽 3～4 日龄后，食量日增，消化能力极强，排出大量黏稠的粪便，很容易污染巢盆。同时，生长速度很快，但抵抗力极差。如果因垫料潮湿而发臭、生虫，容易感染疾病。潮湿体表散热快，易着凉感冒。乳鸽阶段需更换一两次垫料，巢盆的垫料（草或垫布）随时保持清洁干燥，才能保证其健康。

3）注意防寒保暖　由于哺食量增加，亲鸽开始离巢觅食，缩短了保温时间。10日龄左右，乳鸽的羽毛虽已经长出，但对外界温度的调节能力较差，特别是春季、冬季，要注意加厚巢盆和草盆中的垫料。

4）适时并窝　并窝是提高种鸽繁殖力的有效措施之一。为了充分发挥亲鸽的育雏能力，无哺育任务的种鸽可以提早10天左右产蛋，这样可缩短产蛋期，使种鸽的产蛋率提高50％左右。并窝的原则是1窝仅孵出1只雏鸽，或2只乳鸽因中途死亡1只，都可以合并到日龄相同或相近、大小相似的其他单雏或双雏窝内饲养，这样可以避免因仅剩下1只乳鸽被亲鸽喂得过饱而引起嗉囊积食现象（图4-8）。若确实不宜合并的，应适当减少亲鸽的日粮，并给乳鸽加喂消食片。此外，有些早熟高产的亲鸽在乳鸽孵出后13～15天又重新产蛋，有些产蛋后的亲鸽会弃仔不喂，也需要并窝或人工哺育。

5）乳鸽换位　因自然孵化时，先出壳的那只乳鸽常常长得较快。另外，亲鸽习惯于每次的哺喂顺序，先被喂的那一只同样长得较快。所以，在同一窝的两只乳鸽大小差异较大。

遇到上述情况，应在6～7日龄乳鸽站立之前，把它们在巢盆中的位置互相调换（图4-9），这样亲鸽按顺序可先喂小的乳鸽，从而使小的生长速度赶上大的。也可以每天人工喂饱生长速度较快的乳鸽，较小的则由亲鸽哺喂。如果待乳鸽会行走时才发现体重差异，到时要想调换采食位置则较难，应采用并窝方法。

图4-8　适时并窝饲喂　　　　　图4-9　乳鸽换位

6）预防疾病 乳鸽哺喂的饲料在两个时间段变化较大：5 日龄左右，由全鸽乳转为半浓稠的带细颗粒饲料的半鸽乳；10 日龄左右，由半鸽乳饲料转为颗粒料。这两个时间段是雏鸽的一个难关。由于饲料的变化，鸽易发生嗉囊积食、消化不良和咽部发炎等消化道疾病。防治方法除喂保健砂外，可以在 10 日龄前后喂酵母片或微生态制剂等健胃助消化添加剂，也可适当减少亲鸽的食量，或者给亲鸽喂经过浸透晾干的谷豆类饲料。

在哺喂阶段，亲鸽保健砂中应富含维生素、微量元素、矿物质、氨基酸、微生态制剂等添加剂，以保证种鸽的营养供给和乳鸽的正常生长发育。出壳后 4～5 日龄的雏鸽，在鸽痘流行场应接种鸽痘疫苗。

7）保姆鸽辅育 生产力旺盛的种鸽在哺育 14 天左右，又要产第二窝蛋。可以借助保姆鸽辅育，将乳鸽移走，充分发挥高产鸽的优势，提高产量。

8）出巢 12～14 日龄的乳鸽可以将其捉离蛋巢，放在笼网上饲养。前几天在笼底部放一块约 40 厘米（长）×30 厘米（宽）的垫布或垫网，最好在其上再放一草盆，这样乳鸽既有蹲卧的巢，又有活动场所，让乳鸽慢慢地适应网上生活而不至于扭伤腿脚、关节，并可随时清除垫板上黏稠的粪便。

9）人工哺育或强行诱食 根据乳鸽不同的用途，须采用不同的管理方式：准备上市的商品乳鸽可采用亲鸽哺育加人工育肥的方式（图 4-10）；而对于留种用乳鸽，应采用亲鸽哺育并适当增加亲鸽蛋白质饲料（俗称小料）供应的方式，待 25～30 日龄能独立生活时，再捉离亲鸽（图 4-11）。

10）经常检查、观察 目的是了解乳鸽的精神状态、食欲及粪便情况，以便及时发现问题、解决问题。如乳鸽健康和营养良好时，其粪便是固体的，呈深灰色或更深的颜色，其上还有些白色的排泄物，早期皮肤泛红发光，不出巢等；后期羽毛整洁，活泼有神。如有异常表现，应立即检查原因，判断是否有病、营养不良或为鼠害或虫害，以防止发生严重问题。同时，也要防止压伤。

图 4-10 人工育肥　　　　　图 4-11 留种用乳鸽

11）留种鸽系谱建立　当乳鸽长到 30 日龄左右时，从生产性能好的亲鸽所生的后代中选拔生长发育好、健康状况上乘、无外貌缺陷、体重达标的幼鸽留种。选出的幼鸽应套上编有号码的脚环，并记载好脚环号码、羽装特征、体重、性别、出生年月、亲代脚环号等原始资料，做好系谱记录。

12）合理饲喂　育雏期亲鸽饲喂不同于孵化期亲鸽，此时期的母鸽除产蛋外，仍要协助育雏。此时如果日粮营养水平低，将影响下一窝鸽蛋的大小和质量，甚至降低孵化率和导致产弱雏。因此，除定时供料外，每天应补料 2~3 次。群养鸽在供料后，则在笼内增加 1 个料槽，以便鸽随时取食。日粮结构中蛋白质饲料占35%~40%，能量饲料占 60%~65%（图 4-12）。

13）做好记录　在生产过程中，应把每对种鸽的产蛋时间、产蛋数、无精蛋、死胚蛋、出鸽个数、乳鸽出栏数等数据一一记录清楚（图 4-13）。这些原始数据是评价一对种鸽生产性能的根本依据。

图 4-12 配合饲料　　　　　图 4-13 做好生产记录

14）适时上市 一般乳鸽生长发育至 25 日龄以上时，就可达到上市水平。这时其体脂肪含量较其他任何时候都高，屠体品质好。其翅膀下的毛（最后长出的毛）刚刚长到较易拔下的程度，此时是最佳上市时间。若延后上市，乳鸽生长速度下降，脂肪消耗，有时甚至因亲鸽拒绝哺喂而自身又不会采食，导致体重下降，经济效益将大幅降低。

61 换羽期种鸽的饲养与管理要点有哪些？

（1）换羽期种鸽 种鸽于每年夏末秋初换羽一次，有的在春季也换羽（图 4-14），换羽时间长达 1～2 个月。在换羽期间，对高产品种的生产影响不大，对于停产的鸽其后代不留作种用。在鸽群普遍换羽时，应在饲料中增加能量和蛋白质的供应，保健砂中添加含硫氨基酸，以促使羽毛正常生长和迅速恢复体力，早日产蛋（图 4-15）。对在换羽期内仍孵蛋或育雏的种鸽，加强营养供给。

图 4-14 换羽期种鸽　　　图 4-15 适时补充营养全价颗粒饲料

（2）调整、淘汰和充实种鸽群 在种鸽换羽期间，要根据生产的原始记录，全面地检查种鸽的生产情况，对生产性能差、停产及伤残的种鸽及时淘汰。一般种鸽在生产第 4 年或第 5 年时要适时淘汰，每年要淘汰年产少于 12 只乳鸽的种鸽，并找出优良成对种鸽进行选留。

（3）清洁环境 鸽群调整完成后，对所有工具、用具、笼内外、棚舍内外和场内外进行一次彻底清扫、冲洗和消毒。

62 非留种鸽的饲养与管理要点有哪些？

对非留种鸽的饲养管理与留种种鸽的基本相同，不同的是亲鸽要带3~4只乳鸽，不需要给乳鸽称重、套脚环、记录系谱档案。但一定要做好亲鸽的饲养护理和生产统计工作。

（1）喂料

1）全日给料，保持料槽不断料　这种投料方式的优点是鸽可以自由采食，幼小、体弱的鸽也能吃到食，可节省人工；缺点是一次性加料太多，梅雨天气饲料容易霉变，容易造成鸽厌食、挑食，食欲不佳（图4-16）。

图4-16　全日给料，保持料槽不断料

2）定时、定量投料

①传统饲喂方式：优点是能保持鸽良好的食欲，少挑食，采食均匀，摄入营养物质较平衡。缺点是费时、费工，工作量大；若采食时间不足，易造成弱鸽吃不饱（图4-17）。

②机械化饲喂方式：优点是省时、省工，用工少，喂料快，浪费少，易调节（图4-18）。

大多数饲养者采用定时、定量方式投料，这样鸽的食欲旺盛，通过鸽蹦跳、争食，可促进其运动，这对笼养鸽尤为重要。根据实践经验，一般带仔鸽每日4餐，晚上补饲，也有的每日5餐；不带仔的生产鸽每日2~3餐。当鸽表现出采食速度逐渐减慢、叼住粒

图 4-17 传统饲喂方式

图 4-18 机械化饲喂方式

粮甩抛等玩耍现象时，说明鸽已经基本吃饱。对于笼养鸽，吃得过饱，而运动又太少，体重过大不利于繁殖。

（2）饮水 整日供水，任其自由饮用。鸽必须保证充足的清洁饮用水，其饮水量因不同的生理阶段和环境温度而异，气温越高，饮水量越大；育雏期比非育雏期需水量大。一只鸽的日需水量一般为30~70毫升。另外，可根据需要定期轮流使用清洁水、盐水、多种维生素水溶液及高锰酸钾水溶液。

（3）饲喂保健砂 保健砂对鸽来说，与饲料同等重要，一日也不可缺乏。饲喂保健砂不仅要量足、质优，而且要科学使用。因此，每天早上喂料后，要检查保健砂杯，目的是：①将保健砂刨松，且要混匀，使表层和深层成分一致；②补充一定量的新鲜保健砂；③随时更换那些被粪便污染或被水淋湿的保健砂。除每天搅拌、补充或部分更换保健砂外，每周应全部、彻底地更换保健砂1~2次，以保证鸽随时能够采食到新鲜的保健砂。

（4）适当淋浴 鸽爱清洁，适当的淋浴非常必要。淋浴可使鸽清洁羽毛，防止寄生虫感染，还可以刺激新陈代谢，促进生长发育。

（5）补充人工光照 光照时间与鸽繁殖、育雏有密切关系。因为，一定时间的光照可刺激性激素分泌，促进精子和卵子的成熟和排出；同时，利于亲鸽晚上采食和哺育仔鸽。亲鸽每天需要光照16~17小时。

（6）减少应激 鸽舍要保持安静，禁止闲杂人员来往，禁止在鸽舍内打闹嬉戏、大声喧哗和对鸽动作粗暴，这些行为都会使鸽产生应激反应，造成抵抗力下降。在可预见产生应激反应时，如春节放鞭炮、防疫接种等，可提前补充多种维生素和抗应激药物。

（7）做好鸽群的观察工作　一看精神状态；二看采食、饮水情况；三看粪便形态、颜色是否正常。若发现鸽呆立一旁，精神萎靡，羽毛蓬乱，无食欲和饮欲，粪便异常，应立即隔离。

（8）做好日常卫生、消毒、防疫工作　鸽舍周围场地要经常打扫和定期消毒（可用生石灰），鸽场门口、鸽舍进出口要设置消毒池。工作人员的衣帽、鞋子最好专配，要有更衣室，内装紫外线灯。工作时，穿工作服、鞋和帽；下班时换上自己的衣服、鞋、帽，经过这样程序的消毒和更换，可避免鸽场内的工作服、鞋和帽与个人的衣服、鞋和帽发生交叉感染。另外，鸽场工作人员不得饲养鸡等畜禽，以免交叉感染。鸽舍内在每次饲喂后都要清扫，并定期消毒，消毒可选用百毒杀溶液喷洒，喷洒时连鸽笼一起喷洒，但决不能喷到鸽蛋上。料槽、水槽发现被粪便污染时，应立即清洗，并且每周消毒 1 次（选用高锰酸钾溶液或百毒杀溶液）。

3～7 天清除一次粪便。饮水器每天清洁一次。巢盆中的垫布脏了应更换，乳鸽下巢后应更换新的垫布。发现病死鸽应及时检查病情，在无专业人员和设备的条件下严禁解剖，应实行无害化处理（焚烧或深埋），以免疫情扩散。定期驱除体内外寄生虫。

（9）建立健全各种登记、统计制度　各种登记、统计数据能够反映鸽的生产情况，便于及时发现存在的问题，指导生产和改善经营管理。需要登记、统计的项目有乳鸽的成活率、合格率、病残率和死亡率，亲鸽的产蛋数、破蛋数量，鸽蛋的受精、无精、死胚数量，孵化出雏、死雏等的日期和数量，每日饲料消耗，饲料和保健砂配方，以及防治疾病药物消耗情况等（表4-3）。

表4-3 鸽场种鸽动态统计

棚号_____品种（系）_____世代_____饲养员_____年

日期	项目													备注
	现存栏（对）	淘汰数（羽）	死亡数（羽）	产蛋数（枚）	无精蛋（枚）	死精蛋（枚）	破蛋数（枚）	弃蛋数（窝）	出仔数（羽）	乳鸽总数（羽）	乳鸽死亡数（羽）	乳鸽出栏数（羽）	耗料量（千克）	
合计														

63 南方鸽舍夏季高温高湿的饲养与管理要点有哪些？

炎炎夏季，酷暑难耐，对于养鸽业从业者来说，既是挑战又是机遇。夏季高温高湿环境，对鸽群影响较大。但高温对环境致病微生物和传染病也有很好的隔离效果，几乎不会发生大疫情，只要控制得当，也是养鸽者高回报的时节。其饲养管理核心主要在环境控制、日粮调控、疫病防控、加强管理等方面。

（1）环境控制 风机和水帘是夏季养殖设施标配，有条件的鸽场最好两者都有。条件有限的至少选配风机。风机采用时控或者温控开启，在35℃以上时要保证风机开启，维持空气流通顺畅。

（2）日粮调控 夏季高温影响鸽群食欲，导致采食量偏低，营养摄入不足影响生产，此时应适度增加饲料能量、蛋白质浓度或是提高饲料适口性，促进鸽群采食。尽量采用高能高蛋白饲料来保证鸽群摄入充足营养来维持生产。必要时，可通过添加

1％～2％油脂，以及适度增加蛋氨酸和赖氨酸来提高鸽群营养素摄入量。

（3）疫病防控　①勤清扫清理鸽粪，最好保证2天一次，避免鸽粪挥发产生氨气，加重高温高湿应激。②要定期和不定期进行药物预防，如新型绿色添加剂如酸化剂、中草药饮剂，控制毛滴虫病、大肠杆菌病、金黄色葡萄球菌病等肠道疾病。③新城疫和鸽痘免疫一定要做好。高温季节鸽的呼吸道损伤最严重，肠道型新城疫发病率也较高。此季节蚊虫较多，应注意驱蚊，否则易暴发鸽痘，影响商品鸽品质。

（4）加强管理

1）喂料时点控制　尽量在早上4：30—7：00或是晚上20：00—22：00等温度较低时间段集中喂料，中间时段不断料。

2）适度减少密度　平常"2＋4"模式或"2＋3"模式时，可以适当下调1个哺喂仔数，减轻亲鸽负担，同时降低鸽群密度，减少鸽群散热。

3）饮水控制　保证充足的清洁饮水，还可在饮水中增加电解质或多种维生素来缓解高温应激。

4）定期清理水线　夏季气温升高，饮水管线内大肠杆菌、沙门氏菌等有害菌的生长速度加快，应定期清洗、消毒。

64 北方鸽舍冬季防寒保暖的饲养与管理要点有哪些？

21世纪以来，我国养鸽业在北方地区尤其是黄河以北地区发展非常迅速。虽然我国肉鸽存栏量，广东地区占全国的近1/3，但从养殖气候条件来讲，北方干燥，又是我国粮食主产区，饲料成本远远低于南方，是肉鸽养殖业发展的良好地方。但由于北方地区在冬季气候寒冷，很多养鸽户掌握不好保温与通风的相关条件，在冬季肉鸽价格最好时期，往往却因疾病挣不到钱，所以在这些地区养鸽在冬季要注意以下几个问题。

（1）环境控制　①鸽舍建造方面，有条件的鸽场，应对鸽舍顶棚及周边墙体进行加固，采用防寒保暖专用材料进行设计施工，从基础条件方面做好防寒保暖工作。②门窗防寒保暖，窗户周边缝隙进行加固密封，防止贼风灌入，影响就近鸽群；门道口上方加用棉门帘被覆于门板上，门少开勤关，避免冷风灌入鸽舍，造成冻害。③一般来讲，肉鸽养殖鸽舍温度不能低于10℃，蛋鸽舍不能低于5℃。如果低于上述温度，就要考虑加温。虽然加温会增加成本，但此季节乳鸽和鸽蛋价格较高，利润不会低于春秋二季。在每年冬季遇到全国性范围降温时候，很多通风和保温不好的养鸽户由于乳鸽感染条件性沙门氏菌而大批死亡，为了治疗，有些养鸽户花费上千元购买抗生素，使用效果还不理想。与其花钱买药，不如把钱用在鸽舍改造上更划算。

（2）日粮调控　冬季鸽群采食量普遍增加10%～20%，如若不降低日粮蛋白质水平，势必造成蛋白质摄入过多而浪费，此时应适度增加饲料能量或提高饲料适口性，同时降低日粮蛋白质水平1%～2%。尽量采用高能中低蛋白水平日粮来保证鸽群摄入充足营养并维持生产。必要时，可加1%～2%油脂。

（3）疫病防控　冬季是鸽新城疫高发季节，所以在入冬前的9—11月，一定要做好新城疫的预防工作，保证种鸽在冬季有高的新城疫抗体。在注射免疫之后，还要保证1.5～2个月做一次新城疫抗体检测，根据抗体水平决定是否加强免疫。

（4）加强管理　①喂料次数控制，尽可能让鸽群自由采食，保证余料充足。不能做到自由采食的，应尽量增加饲喂次数和饲喂量，必要时，可在温度最低的午夜或是凌晨对鸽群进行补饲。②饮水控制，应尽可能避免饮水管道结冰阻流，保持管道内水流流动，冬季深水井温度较自来水温度高，也可以考虑让鸽喝深井水。③华北南部至广东、广西以北地区，冬季养殖鸽舍条件再好，也不要过分要求"2+3"或"2+4"模式饲养，因冬季受环境气温条件所限，"2+3"或"2+4"模式饲养所创造效益恐怕还不如"2+2"模式产量来得稳定。

（5）生产调控　鉴于北方寒冬时节产鸽产蛋率下降，雏鸽死亡率高及乳鸽出栏合格率低等情况，建议这一地区的养殖户在 12 月至翌年 2 月适当采用捡蛋的生产方式，一方面让种鸽得以休养生息，为春节后更好的孵化、哺喂雏鸽贮存体力。并且这段时间气温低，鸽蛋易于储存，价格也因春节的到来持续走高，所以采用捡蛋的方式经济效益并不比产乳鸽低。

65 应激对肉鸽养殖业生产有什么危害？

鸽的应激是指鸽在外界因素的刺激下所产生的非特异性反应。凡能引起机体或精神紧张的物理、化学或精神因素，如运输、转群、注射、过冷、过热、噪声等都可使鸽产生应激。根据应激来源不同，一般把应激分成生理性应激、环境性应激和社会性应激三类，又可分为自然因素、人为因素和疾病因素引起的应激。生产中鸽群每天都会遇到各种轻微的应激，鸽可以自身调节，不致影响生理表现和造成经济损失。但如果应激因素很严重，且持续时间较长，鸽体内储存的原本用来生长、产蛋、免疫的营养物质都用来应对应激，这样鸽的生产性能和免疫能力就要下降，严重时可引发疾病，给养鸽生产造成严重的经济损失。高强度应激可使鸽日增重降低 28% 左右，产蛋率下降 34% 左右。

鸽具有喜干燥、怕潮湿，喜清洁、怕污秽，喜安静、怕惊扰等特性，因此生产中应采取措施择其所好，顺其所性，废其所恶，使鸽不至于处于严重或太多的应激条件下。

在当前规模化、集约化的鸽场中，常见的应激源有惊吓、驱赶、拥挤、混群、斗殴、捕捉、运输、转群、噪声、温度、湿度、振动、通风、营养状况、饲养操作、换料、光照、防疫接种、疾病感染等。其中，以高热、温度忽冷忽热、营养不良、疾病感染及防疫接种给养鸽业带来的经济损失最大。

（1）温度、湿度应激因素　在影响鸽生产性能的外界因素中，温度、湿度是比较重要的，温度、湿度的较大波动会导致鸽群发生应激反应，严重时会使鸽发生代谢紊乱。由于鸽无汗腺，在夏季持续的高温应激中，鸽只能通过加快呼吸频率和血液循环来促进散热。鸽在高温高湿环境中，呼吸频率提高78%，氧化作用加强，脂肪、蛋白质分解加快，产热量增加，导致呼吸供氧不足。由于消化道的蠕动加强，胃液、肠液、胰液的分泌，肝糖原生成等受到破坏，使胃肠消化酶的作用和杀菌能力减弱，呼吸道、黏膜抵抗力及肝脏解毒功能减弱，鸽热平衡受到破坏，抵抗力下降，易发生疾病。

当环境温度高于33℃时，种鸽的精液质量随之降低，精液中精子数减少、活力降低，品质差的精液能够影响鸽蛋的受精率。从夏季高温应激后7～14天开始，公鸽精液品质下降，一般高温后7～8周精液品质才能恢复正常。同时，高温还能使公鸽的性欲降低。

高温对母鸽的发情、配种都有一定的影响。同时，热应激可造成哺乳亲鸽摄食量低下、营养不足、鸽乳质量下降，鸽乳中免疫球蛋白含量较低，导致乳鸽免疫力变差，易引发疾病。

（2）营养应激　营养不良或营养过剩都会对鸽功能产生不利影响。长期营养不良将导致促肾上腺皮质激素和皮质类固醇激素的分泌不足，从而使机体对疾病的抵抗力下降，而易感性增加。此外，鸽采食不足或处于半饥饿状态下时，胃液分泌减少，胃肠蠕动减缓。若胃液分泌过少，对蛋白质、脂肪和碳水化合物的消化不彻底，则引起消化机能紊乱，致使胃肠道中腐败菌迅速增殖，使小肠微生物群落改变而引起腹泻，导致鸽消瘦，抵抗力下降，易感性增加。乳鸽防御机制不健全，因而更易受到营养应激。

（3）疾病感染应激　随着饲养业集约化程度的不断加深，各种疾病暴发的频率和强度大大增加，疾病可能会直接导致鸽采食量下降，生长速度减缓或体重下降，机体免疫应答能力降低，抵抗力、生产性能下降，严重者会引起大批量死亡。在鸽发生疾病时，投放的药物也可能会产生较强的应激反应。

（4）防疫应激　防疫过程中采血、接种、打针和灌药等也会引起鸽应激。养鸽生产中，防疫是不可避免和必不可少的。在保证免疫效果的前提下，采用喷雾或饮水接种方式进行免疫，可以把应激降到最低。

在养鸽生产过程中，应尽可能保持各种环境因素适宜、稳定或渐变，按操作规程要求进行日常的饲养管理，注意饲养密度要适中，并给鸽群提供足够的饮水，接近鸽群时给以信号，免疫接种和打针用药时尽可能在晚间弱光下捉鸽并轻拿轻放，谢绝参观人员和其他工作人员进入鸽舍。换料要渐进性进行，尽量避免突然更换饲料。注意天气预报，对热浪或寒流要及早预防。当预知鸽群将处于逆境时，可采取在饲料中加倍供给维生素 A、维生素 E，适当添加抗生素及抗应激药物等措施，从而尽量减少或避免应激对鸽生产的影响，提高养殖效益。

66 肉鸽饲养过程中如何进行危害分析？

对饲养过程进行危害分析、控制和管理，可加强对饲养环境、疾病的综合防治，减少饲养环境中的有害生物及养殖过程中药品的使用，实施合理的休药期，有效解决养殖过程中的疾病控制和药物残留等问题，从而在源头上保证产品质量的安全性。根据肉鸽饲养流程、危害的种类、对肉鸽饲养全过程进行危害分析，并制订具体的防治措施（表4-4）。

肉鸽是晚成鸟，出生后 1 个月才能独立采食。雏鸽出壳时，眼睛未睁开（4～7 天睁开眼），体表羽毛少，需要亲鸽哺喂、保温和保护。为此，肉鸽养殖的现状是重复式生产模式。国家《良好农业规范　第 10 部分：家禽控制点与符合性规范》（GB/T 20014.10—2013）适用于鸡（非晚成鸟），生产中的舍内饲养、全进全出制、人工孵化及育雏阶段等模式无法全部适用于鸽，要在借鉴其基本原则的基础上，结合肉鸽生活习性及生产实际的需要，先将日常工作中重点控制的对象及可能带来危害的因素统计出来，形成一份危害控制点清单，然后再评价当前控制方法是否充分合理，并在此基础上补充完善，形成一个独立完整的管理体系。

表4-4 肉鸽饲养过程危害分析

项 目	确定本步骤引入、控制或增加的危害	潜在的食品安全危害是否显著(Y/N)	对此项的判断依据	防止危害采用的预防措施	本步骤是否为关键控制点(Y/N?)
引 种	生物性(细菌、病毒、寄生虫及其他)	Y	种鸽饲养、运输过程造成感染	引种时，须从具有种畜禽生产许可证的种鸽场引进种鸽，并索取其经营许可证、检疫证、消毒证和非疫区证明；引进之后需隔离观察30天以上，经兽医部门检查确定健康合格后方可合群饲养	Y
	化学性：无	N			
	物理性：无	N			
饲料验收	生物性(细菌、病毒、寄生虫及其他)	Y	饲料生产、保存过程造成污染	按GB 13078要求执行；饲料添加剂须购于具备饲料添加剂生产许可证和产品批准文号的供应商；向供应商索取不含违禁药物的承诺书；不使用有变质、霉变、生虫或被污染的饲料	Y
	化学性(兽药、农药、毒素、激素、重金属残留)	Y			
	物理性：无	N			
饮水质量检查	生物性(细菌、病毒、寄生虫、其他)	Y	开放式盛水容器，容易造成污染	经常有充足水源。水质符合GB 5749要求；经常清洗消毒饮水设备，避免病原滋生；在气候恶劣情况下能保证水的供应	Y
	化学性(兽药、农药、毒素、激素、重金属残留)	N			
	物理性：无	N			

（续）

项目	确定本步骤引入、控制或增加的危害	潜在的食品安全危害是否显著（Y/N）	对此项的判断依据	防止危害采用的预防措施	本步骤是否为关键控制点（Y/N）
兽药验收	生物性（细菌、病毒、寄生虫及其他）	Y		兽药应购于具备兽药生产许可证、产品批准文号或者进口兽药许可证的供应商，且应符合《兽药管理条例》的规定；向供应商索取不含违禁药物的承诺书	Y
	化学性（兽药、农药、毒素、激素、重金属残留）	N	兽药生产与销售过程不符合相应要求		
	物理性：无	N			
饲料贮存和供应	生物性（细菌、病毒、寄生虫及其他）	Y		提供洁净、干燥、无污染的贮存条件；饲料添加剂按标签所规定的用法和用量使用；饲料中不直接添加兽药原料药	Y
	化学性（兽药、农药、毒素、激素、重金属残留）	Y	不符合相应的贮存条件、操作失误造成污染		
	物理性：无	N			
兽药贮存	生物性：无	N		按标签所规定提供适宜贮存条件	N
	化学性：无	N	不符合相应的贮存条件、操作失误造成污染		
	物理性：无	N			

（续）

项　目	确定本步骤引入、控制或增加的危害	潜在的食品安全危害是否显著(Y/N)	对此项的判断依据	防止危害采用的预防措施	本步骤是否为关键控制点为(Y/N)
种鸽饲养管理	生物性（细菌、病毒、寄生虫及其他）	Y	水平与垂直传染性疾病造成的感染	依照生态健康养殖要求提供良好的环境、饲料、管理；需要用药时，严格按标签规定的用法与用量使用；种群做好副黏病毒抗体检测；病鸽作淘汰处理	Y
	化学性（兽药、农药、毒素、激素、重金属残留）	Y			
	物理性：无	N			
配对管理	生物性（细菌、病毒、寄生虫及其他）	Y	水平与垂直传染性疾病造成的感染	依照生态健康养殖要求提供良好的环境、饲料、管理；需要用药时，严格按标签规定的用法与用量处理；病鸽作淘汰处理	N
	化学性：无	N			
	物理性：无	N			
孵化管理	生物性（细菌、病毒、寄生虫及其他）	Y	孵化过程中发生交叉感染	依照生态健康养殖要求提供良好的环境、饲料、管理；严格按标签规定的用法与用量使用	N
	化学性：无	N			
	物理性：无	N			

（续）

项　目	确定本步骤引入、控制或增加的危害	潜在的食品安全危害是否显著（Y/N）	对此项的判断依据	防止危害采用的预防措施	本步骤是否为关键控制点（Y/N）
哺育管理	生物性（细菌、病毒、寄生虫及其他）	Y	哺育过程中发生交叉感染、亲鸽哺喂	依照生态健康养殖要求提供良好的环境、饲料、管理；提高机体抗病力；需要用药时，注意休药期并严格按标签规定的用法与用量使用	Y
	化学性（兽药、毒素、激素、重金属残留）	Y			
	物理性：无	N			
童鸽管理	生物性（细菌、病毒、寄生虫及其他）	Y	饲养过程中发生交叉感染	依照生态健康养殖要求提供良好的环境、饲料、管理；提高机体抗病力；需要用药时，注意休药期并严格按标签规定的用法与用量使用；病鸽作淘汰处理	Y
	化学性（兽药、毒素、激素、重金属残留）	Y			
	物理性：无	N			

（续）

项 目	确定本步骤引入、控制或增加的危害	潜在的食品安全危害是否显著（Y/N）	对此项的判断依据	防止危害采用的预防措施	本步骤是否为关键控制点（Y/N）
销售、装车	生物性（细菌、病毒、寄生虫及其他）	Y	检疫不合格	根据 GB 16549 执行，并出具检疫证明，不出售病鸽、死鸽	Y
	化学性：无	N			
	物理性：无	N			
运输	生物性（细菌、病毒、寄生虫及其他）	N		运输车辆在运输前和使用后要用消毒液彻底消毒；运输途中不在疫区、城镇和集市停留、饮水和饲喂；需要时，使用安全的饲料、兽药和饮水	N
	化学性：无	N			
	物理性：无	N			

五、疾病与防治

67 鸽为什么会发病？什么是传染病？

当鸽正常的生理机能受到损害时，就会发生疾病，疾病的严重程度由所受损害程度决定。鸽病既有因维生素缺乏、中毒、物理损伤等引起的普通病，也有因细菌、病毒等传染性病原微生物引起的传染病，其中对鸽危害最大的是传染病。

通常暴发的鸽病主要是指传染病，病因与传染源、传播途径和易感鸽三大环节密不可分。

（1）传染源　指体内携带有病原微生物寄居、生长、繁殖，并能排出体外的人或动物。常见的传染源就是患传染病的病鸽。鸽在急性暴发疾病的过程中或在病情转剧期可排出大量病原微生物，故此时传染源的危害最大。传染源还有带菌（毒）家禽、昆虫、野鸟、老鼠等。

（2）传播途径　指病原微生物由传染源排出后，经一定的方式再侵入其他易感动物所经的途径。在传播方式上，可分为垂直传播和水平传播两种。垂直传播指亲鸽通过种蛋将疾病传播到下一代乳鸽身上；水平传播主要指经空气、饲料、饮水、人员、车辆、器具、昆虫等途径将疾病传播到其他鸽身上。

（3）易感鸽群　指对某种传染病的病原微生物容易感染的鸽。易感性指鸽对于某种传染病病原的感受性，通俗地说，即鸽群对病原微生物的抵抗力。它是鸽病发生与传播的一个重要环节，直接影响到传染病是否造成流行及疫病的严重程度。鸽易感性虽然与病原微生物的种类和毒力有关，但主要还是由鸽的自身遗传特性（内因）、饲养管理水平（外因）和特异性的免疫状态决定，生产上应注意选择优良的品系、品种，加强饲养管理（如保证饲料质量，保持鸽舍清洁卫生，定期清理粪便，避免拥挤、饥饿等应激，合理通风，及时进行预防性给药和免疫接种，做好检疫、隔离工作等），从而提高鸽群特异性和非特异性免疫力，增强对疫病的抵抗力，降低对病原微生物的易感性，降低发病的风险。

68 鸽病防控的策略是什么？

（1）树立"养防并重，预防为主"的鸽病防控理念 加强饲养管理，防止病从口入，饲喂的饲料要洁净、无污染，饮用水要清洁、卫生、安全，科学饲养，增强体质，提高机体的抗病力；搞好鸽场内外环境的清洁卫生和消毒工作，料槽、水槽要经常清洗，垫料要清洁、干燥，勤清鸽粪，降低病原微生物数量，做好疫苗接种等防疫工作，合理预防用药，提高鸽的抗病能力。建立完整的生物安全防范体系，防止病原微生物的侵入、扩散和传播。

（2）重视种鸽疾病的净化和免疫工作 鸽沙门氏菌、支原体等垂直传播的病原微生物一旦在鸽群存在就很难根除，治疗也很困难。只有从种鸽入手，通过自繁自育、加强检疫、净化淘汰等方式，尽早建立无疫病阴性种鸽群。同时，对种鸽要及时进行疫苗免疫。良好的免疫可使后代乳鸽有较好的母源抗体，一般能够抵御相应病原微生物的侵害，保证较高的成活率。

（3）建立疫病综合性防治措施 完善检疫、饲养管理、卫生消毒、免疫、封锁、隔离、药物预防、药物治疗和定期驱虫等管理制度。一旦发生严重的传染病流行，应马上采取紧急防疫措施，隔离病鸽，并焚烧、深埋死鸽，彻底消毒环境及饲养用具等，及时抑制和消灭病原，防止大面积扩散，减少发病，降低损失。

（4）建立疫病快速准确诊断技术 采取综合性检查，对发生的疾病尽早尽快作出诊断。通常首先根据流行病学调查分析、临床观察检验和病理剖检变化作出初步诊断，并采取应急控制措施。同时，采集相应病料送检，做进一步的实验室检查（病原学、血清学、药敏试验等），以便及时确诊，从而有针对性地采取防疫措施。

（5）建立免疫监测与疫情预报和报告制度　在疫苗接种后定期抽样检测抗体，进行免疫监测，根据抗体水平评价疫苗免疫效果，从而决定是否需要补种疫苗；平时有计划进行监测，通过了解乳鸽的母源抗体水平和鸽群的免疫水平，结合本场疾病流行特点和疫情实际，制订合理的免疫程序。

69. 健康鸽与患病鸽怎样肉眼辨别？

对个体和群体进行临床观察检查是一种基本、常用的疾病诊断方法，主要观察鸽体貌、行为习性、精神状态等，还可进一步检查体温、心跳、呼吸、粪便、可视黏膜、外伤等变化，依据观察、检查结果与数据进行综合分析，可以作出临床初步判断。这种诊断虽具一定主观性，但也可以为采取应急措施时提供参考。一般可通过以下几方面来判断鸽是否健康。

（1）看精神状况　健康的鸽很活泼、机灵，且具有很好的警觉性，有人走近时它会很小心地跳开。患病鸽大都精神欠佳，羽毛松乱，眼无神，呼吸加快，呼吸时喘鸣或从喉头气管发出异常的声音，不爱活动，离群独处，体质消瘦虚弱，减食或不食，大量饮水或饮食废绝，不哺育乳鸽等。

（2）看眼睛　健康鸽的眼睛应该明亮干净、无分泌物，机警，眼睑张得很大。患鸟疫、副伤寒、眼炎、支原体病及维生素 A 缺乏症等疾病的病鸽，眼睛通常红肿发炎，分泌物增多；患结膜炎时结膜潮红，血管扩张；患丹毒或肺炎时结膜发紫；贫血或营养不良时，结膜苍白；有机磷农药中毒时，瞳孔先缩小，最后散大。

（3）看鼻瘤　健康鸽鼻瘤鲜明，呈白色，干净。如鼻瘤污秽潮湿，白色减退，色泽暗淡，多是患感冒、鸟疫、副伤寒及呼吸道疾病等。

（4）查口腔　若口腔、咽喉出现潮红、溃疡或黄白色假膜，则是咽喉炎、毛滴虫病、鹅口疮及白喉型鸽痘；口腔有粟粒大小的灰白色结节，是维生素 A 缺乏症；口中呼出酸臭味气体，是患软嗉囊病。口中流涎，是鸽新城疫或有机磷农药中毒。

（5）查嗉囊　饲喂 1 小时后，检查嗉囊是否缩小，如胀大坚实，可能患硬嗉囊炎；若鸽不食而嗉囊胀满，软而有波动感，倒提时口中流出大量酸臭液体，可怀疑是软嗉囊炎。

（6）看呼吸　健康鸽呼吸有规律且不会发出声音，自鼻孔呼吸，呼吸时嘴是闭着的，当呼吸困难时才会张口呼吸。患喉气管炎、支气管肺炎、支原体病、毛滴虫病时，病鸽可出现打喷嚏，流鼻涕，咳嗽和发出"咕噜咕噜"的声音；患严重的坏死性肺炎时，病鸽张口呼吸，呼出带臭味的气体。

（7）看皮肤　患肺炎、鸟疫、丹毒及血液缺氧时，皮肤呈紫黑色；一氧化碳或煤气中毒时，皮肤呈鲜红色。用手触摸两翼内侧胸部皮肤，皮肤温度高是发热的表现，皮肤温度低则是血气不足的虚寒症或重症病危的表现。

（8）摸腹部　从胸骨端开始向耻骨方向轻按摩腹部，如便秘，可摸到肠内有黄豆粒大的粒状粪；若患肝炎或肝硬化，可摸到肝脏肿大或硬实；若是肿瘤病，腹部肿大，可摸到腹腔有硬实物；若是腹腔炎，腹部胀大下垂，手摸有软而波动的感觉。

（9）看肛门　患胃肠炎、溃疡性肠炎、副伤寒、大肠杆菌病等，可见肛门周围被粪便沾污，用手翻开肛门，可见泄殖腔充血或有出血点。

（10）看粪便　健康鸽粪便呈灰黄、褐黄或灰黑色，呈条状，末端有白色物附着。若消化不良或患卡他性肠炎，则鸽排出稀粪；若粪便带有白色和红色黏液，则是出血性肠炎或球虫病；粪便黑色可能是胃或小肠前段出血；粪便绿色可能是鸽新城疫等疾病。

（11）看步伐　健康鸽的步态稳健，如果看到跛行或是不能行走，则表示鸽有病。

（12）检查生理值　从鸽生理值的变化既可得知其是否患病，也可洞察患病后药物的治疗效果，以便及时采取措施或调整治疗方案。若呼吸出现声音、张嘴等现象，则表明是热性疾病或呼吸道疾病征兆；体温升高、呼吸加快和心率增加，往往是发生热性病或感染性疾病的预兆。鸽的正常生理值见表5-1。

表5-1　鸽正常生理值

项　目	数　值
体温（℃）	40.5～42
呼吸（次/分）	30～40
心率（次/分）	130～200

在很多情况下，临床诊断只能提出可疑疫病的大致范围，要作出准确诊断必须结合病理解剖和实验室诊断。

70 什么是鸽场消毒？如何合理使用消毒药？

（1）鸽场消毒　根据消毒的对象不同，可采用不同的消毒方法。

1）物理性消毒法

①清扫：本法适用于所有鸽舍、设施、设备及运输工具等的消毒，更适合日常鸽舍的清洁维护，是最基本和最经济型的消毒方法，是进行其他消毒方法前必须开展的工作。及时、彻底地清扫鸽舍内粪便、灰尘、羽毛等废弃物，可去除鸽舍中80％～90％的有害微生物。

需要注意的是，进行日常鸽舍的清扫时应注意喷水，避免灰尘飞扬，降低清扫工作对肉鸽健康的影响。常用的工具有扫帚、鸡毛掸等，部分鸽场可因地制宜使用稻草、布条等材料制作鸡毛掸。

②冲洗：适用于空棚鸽舍和车辆的消毒，多选择高压水枪冲洗，可冲洗掉鸽舍中清扫时的残留物，或冲洗无法清扫的地方。冲洗顺序是先屋顶，然后是墙壁和笼具，最后是地面，由高到低，避免后面冲洗的污水污染之前冲洗干净的地方或物品。虽然部分地区在炎热季节带鸽冲刷，但建议尽量避免此法，以免淋湿鸽和冲洗液沾污鸽，对鸽产生较大的应激和污染（图5-1）。

　　进入鸽场的饲料运输车辆等，应在厂区外对其外表面消毒，然后经过消毒池后才能进入厂区。若需进入生产区，必须再次消毒后方能进入。

　　③火烧：适用于空棚鸽舍的消毒，多在清扫、冲洗后再次对鸽舍进行消毒，是传统的消毒方法。如使用煤油喷灯（图5-2）喷烧场面、砖墙、金属、不易燃笼具等，利用高温杀死病原体，消毒作用彻底，消毒效果比较好。需要注意的是火烧前一定清扫干净，过多的灰尘、残留物会影响消毒效果；喷烧时千万不能烧到易燃材料，禁止在易燃易爆场所使用，避免出现火灾事故；同时做好个人防护工作，避免烧伤自己。另外注意的是，煤油喷灯只允许用符合规格的煤油，严禁用汽油或混合油，油量只装到1/2，不可装满，以防爆炸。

图5-1　高压水枪

图5-2　煤油喷灯

　　④喷雾：适用于生产中鸽舍的清洁工作。肉鸽来源于鸟类，有飞翔特性，当喂料时，易拍飞翅膀，扬起粉尘。鸽舍每克灰尘中大肠杆菌含量可达$10^5 \sim 10^6$个菌落单位，而且鸽呼吸系统特别发达，喂料时的环境很容易引发鸽细菌感染和呼吸道病。针对鸽这样的生活特性，可选择在喂料前或同时进行喷雾消毒，大部分时间并不需要使用任何消毒剂，仅需使用水就行。使用水进行喷雾可清除80%～90%的灰尘，可使细菌量减少84%～97%。工具是专用的喷雾机（图5-3）。

　　⑤煮沸：适用于工作服、垫布、器皿等物品的消毒。一般在清

洗后进行煮沸消毒，是常用的消毒方法，也是非常经济实用的消毒方法。需要注意的是，所有煮沸的物品一定要浸泡于水中；一定要烧沸，并且持续一定时间（一般为30分钟）；煮沸物品取出晾干后，需要放置于清洁的地方，注意避免被污染；煮沸物品一般现煮现用，放置时间不能太久，否则需要重新消毒。

⑥紫外线消毒：适用于更衣室的消毒。将工作服、鞋用完后悬挂于更衣室内，开启紫外线灯，照射1～2小时消毒。需要注意的是，工作服、鞋每周应洗净1～2次并熏蒸消毒24小时。

⑦高温高压：适用于兽医用器具的消毒。工具可为医用高压锅或高压灭菌器（图5-4），现在颗粒饲料也采用高温的方式生产。

图5-3　手推喷雾机　　　　　　图5-4　医用高压锅

⑧更衣（鞋）：从外进入生产区，以及从生产区进入鸽舍前更换衣帽（鞋），可有效防止外界病原体进行鸽场、鸽舍，是日常管理的环节之一。

2）化学消毒法　是鸽场常采用的消毒方法，并且消毒已从过去单一的环境消毒，发展到带鸽消毒、空气消毒和饮水消毒等多种途径消毒，所用的消毒剂种类也非常多。

常用的消毒方法有如下3类。

①浸泡消毒：在鸽场、鸽舍的进出口处设置消毒池，可采用10％石灰乳、5％～10％漂白粉或2％氢氧化钠。要经常保持药液的有效浓度，定期更改消毒药，保持药物的有效性，能够耐浸泡的物品也可采用此法消毒。

②喷雾消毒：将消毒液配制成一定浓度的溶液，用喷雾器进行喷雾消毒。喷雾消毒的消毒药应对鸽和操作人员安全、没有副作用，而对病原微生物有杀灭能力。需要注意的是，要想达到好的消毒效果，喷雾的雾滴直径应在 100 微米左右，使水滴呈雾状，一般要求在空间中停留的时间达 10～30 分钟，以对空气、鸽舍墙壁、地面、笼具、鸽体表、鸽巢、栖架等充分发挥消毒作用。生产区、生活区环境每月喷雾消毒 2 次，消毒药物每月更换 1 次，以防止病原微生物产生抗药性。生产区舍内外主要干道应每日清扫，每周使用规定的消毒剂消毒 1～2 次。尸体剖检室或剖检尸体的场所及运送尸体的车辆，经过的道路均应立即进行冲洗消毒。

③熏蒸消毒：常用甲醛配合高锰酸钾等进行熏蒸消毒。此种方法消毒药的气雾渗透到各个角落，消毒比较全面。消毒时必须封闭鸽舍，应注意消毒时室内温度不低于 18℃；舍内的用具等都应打开，以便让气体能渗入；盛放甲醛的容器不得放在地板上，必须悬吊在鸽舍中。药品的用量是：每立方米的空间应用甲醛 25 毫升、水 12.5 毫升、高锰酸钾 25 克。计算、称量后，将水与甲醛混合，倒入容器内，然后将高锰酸钾倒入，用木棒搅拌，经几秒钟即见有浅蓝色刺激眼鼻的气体蒸发出来。经过 12～24 小时后方可将门窗打开通风，消毒后隔 1 周，等刺激气味消失，才可使用。

常用消毒药品有如下 9 种。

①酒精（乙醇）：一般微生物遇到酒精后即脱水，导致菌体蛋白质凝固而死亡。但需有一定的含量比例，以 75％酒精溶液的杀菌力最强，常用于皮肤及器械消毒。

②碘酊和碘甘油：2％～5％的碘酊用于皮肤和手术部位的消毒；5％的碘甘油溶液可用于黏膜的消毒。如鸽痘剥痂后涂布于其创面。具体制法为：碘化钾 10 克，加入蒸馏水 10 毫升，待溶解后，再加入碘片 5 克与甘油 20 毫升，混合溶解后，再加蒸馏水至 100 毫升即成。

③双氧水和高锰酸钾溶液：3％的双氧水溶液，适用于洗涤污秽、坏死和有臭气的陈旧伤口；0.1％～0.5％的高锰酸钾溶液可洗创伤或腹黏膜，饮水防病。

④硼酸和龙胆紫（甲紫）：2％的硼酸溶液，可作鸽的鼻炎和眼结膜的冲洗剂。1％～3％的龙胆紫溶液（即紫药水），具有较强的杀菌力，常用于治疗创伤和溃疡，适用于鸽痘剥痂后涂布于其创面。

⑤百毒杀（双链季铵盐消毒剂）：本品是新型、强效、速效、长效、广谱、低毒的常用消毒制剂，对各种病毒、细菌及多种霉菌均有杀灭作用。水溶液无色、无味，无刺激性和腐蚀性，消毒力维持时间较长，基本不受酸碱、粪污及光热的影响。它是低浓度瞬间杀菌，一般可持续7天的杀菌能力，穿透力强，对饮水、环境、器械消毒杀菌，口服、喷雾、冲洗均安全有效（使用比例可参看其产品使用说明）。

⑥过氧乙酸：本品为无色液体，是一种廉价而效力较强的消毒剂，在较低温度下亦有相当的消毒力，并对霉菌有一定效力。用时将A、B两液混合，再配成0.2％的溶液，一般用于消毒鸽舍与槽具，也可带鸽喷雾。但本品配水后失效较快，要现用现配。

⑦聚维酮碘：本品为络合碘溶液，含有效碘0.5％～0.7％，对细菌、病毒均有杀灭作用。本品稍有碘的气味，但无毒、无刺激性、无腐蚀性，水溶液性质稳定，不易失效，适用于带鸽消毒，配水浓度为1：（40～100），可消灭体表的病毒与病菌。鸽痘发生时，可用本品原液（不加水）涂于患部，每日1～2次，至结痂为止。

⑧福尔马林（36％～40％甲醛溶液）：5％～10％浓度的该溶液（加10～20倍的水）适用于鸽舍及鸽笼的消毒。但室内应在喷洒后关闭门窗，才能发挥熏蒸作用。甲醛溶液对病毒、病菌都有很强的杀灭力。该药挥发性很强，其气体有刺激性和毒性，可将细微孔隙中的微生物杀死，故适用于熏蒸消毒，可熏蒸鸽舍、槽具等。熏蒸方法：每立方米空间用福尔马林15～25毫升，置

陶盆或搪瓷盆内，加等量清水，下面用电炉加热，密封门及一切通风口，人在室外隔着玻璃观察，看到药液蒸发完时关掉电炉。也可不进行加热，每立方米空间用高锰酸钾 12.5 克、福尔马林 25 毫升、清水 12.5 毫升，先将高锰酸钾放在盆内，再倒进加过水的福尔马林。这时操作人员急速退出，两药相混即起化学反应，使药液蒸发充满室内而达到消毒目的。熏蒸鸽舍门窗应密闭 24 小时再打开，以使药效得到充分发挥。

（2）合理使用消毒药　在防治鸽传染病中，合理使用消毒药很重要。理想的消毒药应是：杀菌性能好，作用迅速；对人、鸽和物品无损害；性质稳定，可溶于水，无易燃性和爆炸性；价格低廉，容易得到。严格来说，现有的消毒药都存在一定的缺点，还没有一种完全理想的消毒药；也就是说，还没有一个消毒药在任何条件下能够杀死所有的病原微生物。

消毒药的作用受许多因素的影响而增强或减弱，在实际生产中，为了充分发挥消毒药的效力，应了解这些影响因素，并在生产中加以利用。

1）微生物的敏感性　不同的病原微生物，对消毒药的敏感性明显不同，例如病毒对碱和甲醛很敏感，而对酚类的抵抗力却很强。大多数消毒药对细菌有作用，但对细菌的芽孢和病毒作用很小，因此在防治传染病时应考虑病原微生物的特点，选用合适的消毒药。

2）环境中有机质的影响　当环境中存在大量的有机物如鸽的粪、尿、血、炎性渗出物等时，能阻碍消毒药直接与病原微生物接触，从而影响消毒药效力的发挥。另一方面，这些有机物往往能中和和吸附部分药物，减弱消毒作用，因此在使用消毒药前，应进行充分的机械性清扫，彻底清除消毒物品表面的有机物，从而使消毒药能够充分发挥作用。

3）消毒药的浓度　一般说来，消毒药的浓度愈高，杀菌力也就越强，但随着药物浓度的增高，对机体活组织的毒性也就相应增大。另一方面，当浓度达到一定值后，消毒药的效力就不再增强。

因此，在使用时应选择有效和安全的杀菌浓度，如75％酒精杀菌效果要比95％酒精好。

4）消毒药的使用温度　消毒药的杀菌力与温度成正比，温度增高，杀菌力增强，通常夏季消毒作用比冬季要强，为此冬天消毒时可加入适量开水以增强消毒药的杀菌力。

5）药物作用的时间　一般情况下，消毒药的效力与作用时间成正比，与病原微生物接触的时间越长，其消毒效果就越好。作用时间若太短，往往会达不到消毒的目的。

71 鸽场如何建立起严格的卫生消毒制度？

切实做好疾病的预防，一方面需要提高工作人员的自觉性，另一方面也需要完善相应规章制度，例如进出鸽场的人员、车辆和物资等消毒制度，鸽舍的清洁卫生标准，消毒的程序，对不同生长阶段鸽的饲养管理操作规程等。制度一经制订公布，就要经常检查总结，有奖有罚，这是养鸽场尤其是大型现代化养鸽场绝对不能忽视的。只有严格地执行科学和合理的卫生防疫制度，才能使预防疫病的措施得到落实，减少和杜绝疫病的发生。

（1）健全养鸽场的卫生防疫制度，杜绝传染源　鸽场门口设消毒池对过往车辆进行消毒，设消毒室对进出人员进行消毒；选购的鸽必须从无疫病地区的正规种鸽场引进，外购的鸽必须经过30天隔离饲养、观察，确认健康无病后方可进入鸽群；未售完的鸽，不得再送回鸽场饲养；鸽场内各鸽舍的用具不得互相混用；鸽尸体、粪便要有专门的尸体坑和固定堆放地点（下风处、远离水源）存放发酵，病死鸽应进行深埋或焚烧或煮沸等方式无害化处理，存放病死鸽的场地和运送病死鸽的通道要及时进行彻底消毒；防止活体媒介物和中间宿主与鸽群接触，定期杀灭体外寄生虫、蚊蝇，防止犬、猫、飞鸟进入鸽场内。

（2）搞好卫生消毒，减少病原微生物　鸽场内每年春秋两季应各进行1次全面大清扫，每月消毒1次，主要对道路、鸽舍及排污沟等进行喷雾消毒。鸽舍应每天清扫1次，每周消毒1次，可选用浓度为 0.1％新洁尔灭、0.3％过氧乙酸、0.1％次氯酸钠、1∶600百毒杀等消毒药。应定期清洗食槽、水槽等用具。舍内保持通风良好，保持干燥，冬季做好防寒工作，夏季做好防暑工作。如在疾病多发或梅雨季节，每周的消毒次数可增加 1～2 次。

（3）建立紧急消毒预案，防患于未然　要针对假设鸽场内外的鸽或家禽等出现疫病暴发或流行时，制订紧急消毒预案，以便一旦真的出现疫病时，及时、有效地预防、控制和扑灭疫情，最大限度地减少对鸽场健康鸽的威胁。

72 什么是抗生素？鸽常用的抗生素有哪些？

抗生素是某些微生物如细菌、链霉菌、真菌、小单孢菌等在其生命活动过程中产生的，能在低微浓度下选择性地杀灭它种生物或抑制其机能的化学物质。抗生素最早是从微生物的培养液中提取而制得，现通常采用用人工合成或半合成的方法大量生产抗生素。

抗生素是一类能抑制或杀灭病原菌的药物，广泛应用于由细菌、支原体、立克次氏体、原虫、真菌、霉菌等微生物引起的感染性疾病。抗生素类药物种类很多，不同抗生素对不同病原微生物的抑菌或杀菌作用也不同。

（1）抗革兰氏阳性菌类抗生素　如青霉素、红霉素、林可霉素等，对葡萄球菌病、链球菌病、慢性呼吸道病、鼻炎等有防治效果。

（2）抗革兰氏阴性菌类抗生素　如链霉素、庆大霉素、土霉素、卡那霉素等，对大肠杆菌病、禽霍乱、沙门氏菌病、绿脓杆菌病和呼吸道疾病等有防治效果。

（3）抗革兰氏阳性、阴性菌类抗生素　如土霉素、四环素、强力霉素、壮观霉素等，对大肠杆菌病、沙门氏菌病、葡萄球菌病、慢性呼吸道病等有防治效果。

（4）抗真（霉）菌类抗生素　如制霉菌素、灰黄霉素、克霉唑等，可用于防治曲霉菌病、念珠菌病等。

（5）磺胺类药物　为最广谱抗菌药物，种类较多，如磺胺嘧啶、增效磺胺、抗菌增效剂，对革兰氏阳性、阴性菌和支原体、原虫等均有杀灭作用。

（6）喹诺酮类药物　目前喹诺酮类药物很多，使用也很广，常用的有恩诺沙星等。然而国家规定自 2016 年 12 月 31 日起食品动物严禁使用洛美沙星、培氟沙星、氧氟沙星和诺氟沙星 4 种兽药。喹诺酮类药物对防治慢性呼吸道病、肠道疾病（如大肠杆菌病、沙门氏菌病等）和禽霍乱均有效。

73 合理使用抗生素的准则是什么？

抗生素是兽医临床上应用最广、效果较好的一类药物，但若乱用、滥用，则对生物安全、生态环境和人类健康都会带来严重的危害。因此，在生产中必须遵守国家法律法规，科学规范地使用抗生素，才有可能获得安全、最佳的效果。

（1）应根据分离菌的药敏试验结果，选择最敏感药物用于实际防治，这样效果最为理想。如无条件，则应选用作用强、广谱的、毒性低的抗生素进行预防和治疗。

（2）应注意抗生素的联合使用与交替使用。总的讲，联合用药一般可提高疗效、减少毒性作用和延缓细菌产生耐药性。联合用药一般适用于：①病原未明确的严重感染或败血症；②一种药物不能控制的混合感染；③容易出现耐药性细菌的感染。联合用药还应注意杀菌药物（青霉素类、先锋霉素类、氨基苷类等）或抑菌药物（四环素类、磺胺类等）间的联合，以达到协同或相加的作用，例如青霉素与链霉素、磺胺药与三甲氧苄氨嘧啶等联合使用。

（3）应重视肝脏、肾脏功能与抗生素的关系。如当肝功能不良时，不应用经肝脏代谢、灭活的先锋霉素Ⅰ等药物；当肾功能不良时，使用经肾脏排泄的药物用量要适当减量或延长给药时间，以防止因排泄障碍而引发蓄积性中毒。

（4）及时分析抗生素治疗失败的原因，常见的失败原因大致有：①初步印象诊断与细菌学检查错误；②使用的抗生素选择不当；③使用的药物失效或药量不足、疗程太短或给药方法不当；④药物达不到损害器官组织或者说病害部位；⑤细菌产生耐药性；⑥鸽自身免疫机能低下。

本书推荐治疗用抗生素需在兽医师指导下科学规范选用，严格控制停药期。杜绝抗生素残留产品上市。

74 什么是疫苗？疫苗免疫方法有哪些？疫苗接种时有哪些注意要点？

（1）疫苗的定义　疫苗指具有良好免疫原性的病原微生物，经繁殖和处理后，用以接种动物能产生相应免疫力的生物制品。这类物质专供相应的疾病预防之用。

疫苗包括活菌（毒）疫苗、灭活疫苗、类毒素、亚单位疫苗、基因缺失疫苗、活载体疫苗、人工合成疫苗、抗独特型抗体疫苗等种类。临床上常用的有冻干活疫苗和油乳剂灭活疫苗，如鸽痘冻干苗、鸡新城疫Ⅳ系冻干苗、鸽新城疫油乳剂灭活疫苗和禽流感 H9 亚型油乳剂灭活疫苗等。

（2）疫苗免疫方法　鸽预防接种方法有多种，不同的免疫方法则要求不同，注意避免因接种技术的错误而造成免疫效果差，甚至是免疫失败。

1）饮水免疫　此法省工、省力，若能恰当使用效果不错。免疫前停水 2~3 小时，将疫苗混匀于饮水中，再让鸽饮用，控制在 15~30 分钟内饮完，这样短时间内即可达到每只鸽都能饮到足够均等的疫苗。还需注意用苗前后 48 小时不得使用消毒剂，消毒剂会影响疫苗的效果；如疫苗的浓度配制不当、疫苗的稀释和分布不均、水质不良、用水量过多、免疫前未按规定停水等，都可影响疫苗的免疫效果。

2）滴鼻或点眼　用滴管将稀释好的疫苗逐只滴入鼻腔内或眼内。滴鼻或点眼免疫（图 5-5、图 5-6）时要控制速度，确保准确，避免因速度过快使疫苗未被吸入而甩出，造成免疫无效。

图5-5　冻干活疫苗滴鼻免疫接种

图5-6　冻干活疫苗滴眼免疫接种

3）气雾免疫　气雾免疫疫苗采用加倍剂量，用特制的气雾喷枪使之雾化充分（图5-7），雾粒子直径在40微米以下，让雾粒子能均匀地悬浮在空气中。若雾滴微粒过大，沉降过快，鸽舍密封不严，会造成不能被鸽吸入或吸入不足，影响疫苗的免疫效果。喷雾时，操作者可距鸽2～3米，喷头跟鸽保持1米左右的距离，成45°角，使雾粒刚好落在鸽的头部。喷雾免疫时，须将鸽舍关闭，喷完后再封闭15～20分钟，方可打开门窗通风。

4）注射免疫　包括皮下注射和肌内注射（图5-8）。注意稀释液、疫苗瓶、注射器、针头等要严格消毒，另外应注意注射方法。若针头过长、过粗，疫苗注射到胸腔或腹腔或神经干上，有可能造成死亡或跛行。

5）刺种　用刺种针蘸取疫苗液在鸽的翅膀内侧少毛无血管部位接种，主要用于鸽痘疫苗的免疫。需注意的是刺种前工具应煮沸消毒10分钟，接种时勤换刺种工具。

图5-7　疫苗喷雾专用机

（雾滴直径大小可调节范围为10～150微米）

图5-8　油乳剂灭活疫苗在鸽翅膀下腋窝皮下注射

（3）疫苗接种时的注意要点

1）疫苗的选择　选择优质的疫苗，了解疫苗的性能和类型，认清疫苗的批号、出厂日期、厂家和用量，切勿使用过期疫苗和非法疫苗。

2）疫苗的保存　冻干疫苗应于冰箱冻结层内存放，灭活油乳剂疫苗应存放于冰箱保鲜层或室温阴凉处。短途运输时可用保温箱放入冰块后进行运送，长途运输应有专用的冷藏车运送，途中严防日晒。

3）疫苗的使用　各种疫苗应按说明书的要求进行使用，冻干疫苗要现用现配，配好的疫苗尽可能 1 小时内用完；灭活油乳剂疫苗使用前要从冰箱取出，回温到室温再使用。使用时做到不漏种，剂量准确，方法得当。剩余的疫苗应该对其进行无害化处理，可用消毒液浸泡，也可高压灭菌或采用其他方法处理。

75 如何制订适合本鸽场的免疫程序？

为了更好地达到防疫效果，控制传染病，应根据自身鸽场实际情况，结合当地流行疫情制订适合本鸽场的免疫程序，科学合理地确定免疫接种时间、疫苗类型和接种方法等，有计划地做好疫苗的免疫接种，减少盲目性和浪费现象。制订鸽场的免疫程序主要考虑的因素有如下几个方面。

（1）掌握鸽场疾病流行病学史　了解鸽场的发病史，曾发生过什么病、发病日龄、发病频率、严重程度，同时了解周围鸽场鸽病的流行情况，了解当地禽场禽病的流行情况，依此确定疫苗的种类和接种时机。

（2）查明乳鸽的母源抗体水平，掌握母源抗体消长规律，从而确定首免时间　例如，经研究，种鸽接种过鸽新城疫油乳剂灭活苗，乳鸽的母源抗体一般在 15 日龄时降低至 4log2，甚至以下。建议鸽新城疫首免时间为 18～25 日龄。

（3）饲养管理水平和营养状况　一般管理水平高、营养状况良好的鸽群可获得比较好的免疫效果，反之效果不好甚至无效。

（4）应激状态下的免疫　鸽处于某些疾病感染、长途运输、炎热、移群、通风不良等应激状态下时不应进行接种免疫，必须消除各种应激因素，保证鸽群在健康条件下才能进行接种，否则免疫效果会不确切或不理想。

（5）对严重传染病的疫苗免疫　①可考虑活苗与灭活油苗相结合使用；②做疫苗用的菌（毒）株血清型选择与实际流行发病的菌（毒）株血清型相一致，必要时开展病原学研究。

76 卫生消毒、疫苗免疫、药物防治相互协同有什么意义？

在目前国内的养殖条件下，卫生消毒工作与疫苗免疫、药物防治具有同样重要的地位。忽视疫苗免疫、药物防治与卫生消毒防疫之间的内在平衡，过分强调疫苗和药物的使用，可能会出现不良后果。过分依赖疫苗会引起疫苗应激反应，存在疫苗散毒的风险。过分依赖药物会出现病原微生物的耐药性、药物残留，停药后发病率与死亡率反而上升。卫生消毒工作能增强疫苗和药物的使用效果，并减少其副反应。

（1）减轻疫苗应激反应　鸽舍卫生条件和空舍时间与疫苗的应激反应之间存在一定的关系。鸽舍消毒不彻底，空舍时间达不到规定要求，病原微生物会大量滋生，易潜入鸽的消化道、呼吸道、生殖道内生长繁殖。一旦受到应激，特别是免疫活苗后，鸽群易发生严重的疫苗反应，引发呼吸道炎症、腹泻、产蛋率下降、死淘率上升等。加强卫生消毒工作有利于减轻疫苗的应激反应，减少免疫后出现的呼吸道症状和死淘增加等问题。

（2）有效防止疫苗的散毒　在免疫结束后选用适当的消毒剂进行正确的卫生消毒工作，避免疫苗对环境的污染。

（3）辅助疫苗产生良好的免疫力　疫苗免疫后并不能马上发挥保护作用，需要机体对疫苗做出免疫应答并产生较高的抗体后才可以发挥作用。疫苗接种前后合理使用消毒剂，可以帮助在免疫空白期抵御野毒的侵袭，保护鸽群的健康。

（4）有效降低病原菌的耐药性　合理有效地使用消毒剂，可以有效降低鸽舍环境内的病原微生物数量，降低药物的使用量及使用频率，从而减少病原微生物对药物产生耐药性的概率，节约药费，提高药物的使用效果。

（5）减少药物残留对食品安全的威胁　合理有效地使用消毒剂，可以有效降低动物源性食品中药残的含量，提高食品的安全性，降低出口食品药残超标的风险，减少产品检测方面的费用支出，缩短通关时间，从而有效低出口成本，提高产品国际市场竞争力。

77 鸽病可分为哪几大类？我国已报道的常见鸽病有哪些？

鸽病可分为病毒性传染病、细菌性传染病、寄生虫病、营养缺乏与代谢病、中毒病和普通病六大类。

（1）病毒性传染病　我国已经报道的病毒性传染病有鸽新城疫、鸽痘、鸽腺病毒感染、禽流感、鸽Ⅰ型疱疹病毒感染、轮状病毒感染、鸽圆环病毒感染等疾病，常见的主要有鸽新城疫和鸽痘。

（2）细菌性传染病　已经报道的细菌性传染病有鸽大肠杆菌病、鸽沙门氏菌病、禽霍乱、葡萄球菌病、鸽溃疡性肠炎、鸽支原体病、鸟疫、鸽曲霉菌病、鹅口疮、鸽绿脓杆菌病等疾病。其中，禽霍乱、葡萄球菌病、鸽溃疡性肠炎和鹅口疮相对来说发病较少，一般表现为散发，危害也较小；但鸽大肠杆菌病、鸽沙门氏菌病、鸽曲霉菌病、鸽支原体病、鸟疫较为常见，危害较大，难以根除，造成的经济损失也较大，严重困扰着养鸽业的发展。

（3）寄生虫病　鸽既有体外寄生虫如鸽蝇、羽虱、跳蚤、蚊子、螨和蜱等，也有体内寄生虫包括原虫（如毛滴虫、球虫、血变虫等）、线虫（如蛔虫、毛细线虫）、绦虫（如节片戴文绦虫、四角赖利绦虫等），绝大多数的寄生虫很少直接引起鸽死亡，往往使鸽躁动不安，竞争性消耗营养，致使鸽抵抗力下降，易继发其他疾病。常见的寄生虫病主要有鸽毛滴虫病、蛔虫病和虱螨体外寄生虫病。

（4）营养缺乏与代谢病　有维生素 A、维生素 B_1、维生素 D、维生素 E 等维生素缺乏症，钙、磷、硒等矿物元素缺乏症及混合性营养缺乏造成的啄食癖，此外还有软脚病、痛风症、等代谢功能障碍病。营养缺乏症与营养代谢病发生后大都不可修复或挽回，应以预防为主，合理搭配饲粮，科学供给营养。

（5）鸽中毒病　有饲料腐败、霉变引起的肉毒梭菌中毒、黄曲霉素中毒、呕吐毒素中毒；采食或摄入含抗营养因子较多的饲料造成的菜籽饼中毒、棉籽粕中毒；给药过量造成的药物中毒；或误食农药、鼠药等造成的有机磷农药中毒、鼠药中毒；环境因素造成的气体中毒，如氨气中毒、一氧化碳中毒、二氧化碳中毒等；此外，还有食盐中毒、高锰酸钾中毒及雏鸽水中毒等。中毒性疾病多从口入，应加强饲养管理和规范用药方式。

（6）普通病　有眼病结膜炎和角膜炎、外伤、体表脓肿、创伤性食管炎、嗉囊炎、消化不良、胃肠炎、鼻炎、支气管炎、喉气管炎、肺炎、难产、软骨病、神经麻痹症、种鸽不孕不育及便秘等。鸽饲养周期长，经济价值高，个体治疗很有必要。当鸽出现普通病时，应积极进行针对性治疗，许多普通病经过治疗后都能够康复，可避免过早淘汰从而减少经济损失，提高养殖效益。

78 什么是鸽新城疫？怎样诊断和防治？

鸽新城疫俗称鸽瘟，又称鸽Ⅰ型副黏病毒病（PPMV-1）、巴拉米哥病，是由新城疫病毒引发鸽的一种急性、热性、高度接触性传染病。在我国许多地区，各种鸽均可发生，流行期长，具有发病快、发病率和死亡率高的特点，病死率一般为 30%～80%。严重时，死亡率可达 95% 以上。本病对养鸽业威胁巨大，同时也给鸡等家禽养殖业造成很大的威胁。

【流行病学】不同品种、日龄、性别的鸽均可被鸽新城疫感染，尤以乳鸽、青年鸽最易感。主要传染源是病鸽和带毒鸽，通过呼吸道、眼结膜及消化道等感染途径侵入宿主。当健康鸽与病鸽或带毒鸽直接接触，或间接摄入被污染的垫料、饲料、饮水、用具等而传播。野鸟、鼠类和昆虫亦可将本病带入鸽群，引起本病的蔓延。此外，天气突变、长途运输等应激因素也是本病的常见诱因，从疫区引入种鸽是发生鸽新城疫的一个重要原因。

本病一年四季均可流行，但以春、秋季多发，往往呈地方流行性。

【临床症状】本病自然发病一般潜伏期为1～10天，通常是3～5天。病程3～7天，有时达10多天或更长。病鸽一般死亡率可达50%以上，本病的发病率和死亡率差异较大，与环境、饲养密度、鸽日龄、免疫水平等密切相关。病愈鸽生产性能严重下降，部分甚至失去种用价值。

本病的发生往往呈急性，较典型的症状为常有头颈扭曲或转圈等神经症状（图5-9）和排黄绿色稀粪的肠炎症状。病鸽起初表现为精神沉郁，羽毛蓬乱，食欲不振，饮水增加，水样腹泻，呆立，但尚能逃离捕捉。随着病情的发展，病鸽缩头闭眼，食欲减退甚至废绝，不愿走动，常有

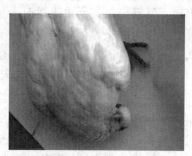

图5-9　发病鸽头颈扭曲

吞咽动作；体温升高，可升至42～43℃；发生严重的水样下痢，排黄绿色、青绿色或灰白色糊状或水样稀粪，后期排墨绿色黏性稀粪，病鸽外观可见肛门周围的羽毛被灰白或绿色的粪便沾污；震颤更加明显，20%～50%病鸽出现各种神经症状，如单侧或双侧翅下垂或腿麻痹，扭头歪颈，肌肉震颤，行走困难，共济失调，转圈或作圆圈运动，头向后仰，呈角弓反张状，最后因衰竭而死亡。个别病鸽出现张口呼吸，发生眼结膜炎、眼球炎、眼睑肿胀等症状。一般呼吸道症状不明显，这与鸡患新城疫有所区别。

【病理变化】鸽新城疫引起的病变与鸡新城疫病变大致相同。病死鸽眼球下陷，胫部干瘪；羽毛，尤其是肛门、后腹区羽毛有黄

绿色或墨绿色粪便沾污。剖检病死鸽主要表现为全身败血症，病变以消化道和呼吸道最为严重，全身各组织器官呈广泛性充血、出血，最常见、典型的病变在腺胃、肌胃和肠道。

颈部皮下广泛性充血、瘀血，但普遍多见的是紫红、黑红色的瘀斑性出血，这是本病固有的特征性病变（彩图1）。食管与腺胃交界处黏膜有条纹状出血（彩图2），腺胃乳头出血，腺胃与肌胃交界处黏膜有出血，甚至呈条纹状出血（彩图3），胃内容物变成墨绿色（彩图4），肌胃角质膜下见有点状、斑状出血（彩图5）；小肠和直肠有弥漫性出血，部分出血、水肿，严重的可见肠有坏死性结节，剖开可见溃疡面（彩图6）；颅骨顶部多有出血斑（彩图7），有时脑膜有点状出血，脑实质水肿、充血、出血；喉头充血、出血，气管出血，严重出血时会呈现出血环样；泄殖腔黏膜出血；肝、脾、肾肿胀，部分病例肝有出血斑和小的灰白色坏死灶，有的病死鸽可见食道、胰腺和脾脏出血。

【诊断】鸽新城疫可根据临床上鸽排绿色稀粪、出现扭头转圈等神经症状，乳鸽、青年鸽大批快速发病并引起死亡，以及剖检观察到腺胃、肌胃和肠道出血等病变作出初步诊断。确诊需要进行实验室病毒分离和血清学检查，但应注意与鸽沙门氏菌病、禽霍乱、禽流感和维生素 B_1 缺乏症相区别。

【防控措施】

1）预防工作　做好生物安全工作，合理选择场址，合理布局功能区，要将生产区、管理区和病鸽隔离区分开。改善卫生环境，定期对场地进行消毒，人员进出必须制定严格的规章制度，尽量避免外来人员、禽类、车辆、器具等进入生产区。如从外场引进鸽，一定要隔离饲养30天以上，经观察确认引进的鸽群健康后才可以混入本场鸽群。在转群、长途运输或天气突变时，要减少应激。接种疫苗是行之有效的防治方法，实践证明，鸡新城疫Ⅳ系中 La Sota 株、N79 株、Clone 30 株三种弱毒冻干活疫苗对防治鸽新城疫有一定交叉保护力，临床使用也是安全的（表5-2、表 5-3）。

表 5-2　非疫区鸽新城疫的免疫程序（仅供参考）

免疫次数	免疫时间		
	1 月龄	产蛋前 2 周	产蛋后每 9 个月至 1 年
首次免疫	新城疫油苗 0.3～0.5 毫升/羽或鸡新城疫弱毒冻干苗（Ⅳ系）1～1.5 倍头份		
第二次免疫		新城疫油苗 0.5 毫升/羽或鸡新城疫弱毒冻干苗（Ⅳ系）1.5～2 倍头份	
第三次免疫及以后免疫			新城疫油苗 0.5 毫升/羽或鸡新城疫弱毒冻干苗（Ⅳ系）2～3 倍头份

表 5-3　高发地区鸽新城疫的免疫程序（仅供参考）

免疫次数	免疫时间			
	7～25 日龄	60～70 日龄	产蛋前 2 周	产蛋后每 9 个月至 1 年
首次免疫	鸡新城疫弱毒冻干苗（Ⅳ系）1～1.5 倍头份＋新城疫油苗 0.3～0.5 毫升/羽			
第二次免疫		鸡新城疫弱毒冻干苗（Ⅳ系）1.5～2 倍头份＋新城疫油苗 0.3～0.5 毫升/羽		
第三次免疫			鸡新城疫弱毒冻干苗（Ⅳ系）1.5～2 倍头份＋新城疫油苗 0.5 毫升/羽	

（续）

免疫次数	免疫时间			
	7～25 日龄	60～70 日龄	产蛋前 2 周	产蛋后每 9 个月至 1 年
产蛋以后免疫				鸡新城疫弱毒冻干苗（Ⅳ系）2～4 倍头份＋新城疫油苗 0.5 毫升/羽

2）发病后的处理　鸽场一旦发生本病，需加强场地消毒和带鸽消毒，并做好隔离工作。及时淘汰发病鸽，对病死鸽进行无害化处理，防止疫情扩散。对没有出现症状的鸽可进行紧急免疫，每只皮下注射鸽新城疫灭活苗 0.5 毫升，必要时可采用弱毒疫苗和灭活疫苗同时免疫，能有效阻止疫情的蔓延。

79 什么是鸽痘？怎样诊断和防治？

鸽痘是鸽的一种常见的高度接触性传染病。本病传播慢，特征是体表无羽毛部位出现痘斑（皮肤型），或上呼吸道、口腔和食管部黏膜出现假膜（白喉型），因而影响吞咽、呼吸，极易造成饥饿或使患病鸽窒息死亡。鸽发生轻度皮肤型鸽痘时死亡率较低，但发生白喉型、伴发其他感染或在恶劣的环境条件下，会出现较高的死亡率，死亡率 5％～70％不等。病愈鸽能获得对本病的终生免疫，但很多患鸽在短期内成为次品，影响销售。

【流行病学】各种鸽均能感染，但以乳鸽和青年鸽最常发病，且病情严重，饲养管理不良（如拥挤、通风不良等）可使鸽痘病情加重，发病率可达 95％以上，死亡率可达 10％～40％。

本病常通过病鸽与健康鸽的直接接触而传染，脱落和碎散的痘痂是鸽痘病毒散播的主要媒介之一，蚊虫等有机械传播作用。黏膜型的病鸽消化道分泌液中含有大量病毒，可污染饮水、饲料和用具等，造成间接感染。

鸽痘的发生有明显的季节性，在适于蚊子等吸血昆虫生长繁殖和活动的多湿季节易发，梅雨季节或洪水过后易引起本病的暴发。我国南方地区每年的 4 9 月气候潮湿、蚊虫多，为鸽痘盛发期，病情也更为严重。北方地区每年则在 6—8 月最易流行。实际上本病一年四季均可发生，一般夏、秋季多发生皮肤型鸽痘；其他季节亦会感染，以黏膜型鸽痘多见。

【临床症状与病理变化】本病根据临床表现可分皮肤型、黏膜型和混合型 3 种类型，但以皮肤、黏膜混合型多发。本病的潜伏期一般 4～8 天，有时可长达 2 周后才出现症状。本病的病程通常为3～4 周，发生混合感染时病程延长。本病一般会逐渐恢复，皮肤型和黏膜型均能恢复良好。

1）皮肤型　病变发生在鸽的裸露皮肤上，多在眼睑（彩图8）、鼻瘤、喙、腿部、爪（彩图 9）、肛门等处，形成灰白色的细小痘疹，随后体积迅速增大，形成如豌豆大的灰色或灰黄色结节，痘疹表面凹凸不平，结节坚硬而干燥，有时结节的数目很多，可互相连接而融合，产生大的痂块，3～4 周后痂皮脱落，留下灰白色的瘢痕。鸽痘若在眼睑上，眼睛怕光、流泪，结膜炎，眼睑粘连甚至失明，影响采食，最终因饥饿衰竭而死亡。皮肤型鸽痘一般无明显的全身症状，但感染严重的病例或体质衰弱者，则表现精神萎靡，食欲不振，体重减轻，生长受阻。成年鸽影响产蛋，使产蛋减少或完全停产。

2）黏膜型　俗称鸽白喉，病变发生在鼻腔、嘴角、口腔、咽喉、食道黏膜上（彩图 10）。病鸽表现精神萎靡，厌食，眼和鼻孔流出的液体初为浆液性黏液，以后变为淡黄色的脓液。时间稍长，若波及眶下窦和眼结膜，则眼睑肿胀，结膜充满脓性或纤维蛋白性渗出物。鼻炎出现 2～3 天后，嘴角、口腔和咽喉等处的黏膜发生痘疹，初呈圆形的黄色斑点小结节，以后小结节相互融合形成一层黄白色干酪样的假膜，覆盖在黏膜上面，这些假膜是由坏死的黏膜组织和炎症渗出物凝固而成的，像人的"白喉"，所以又称白喉型鸽痘。假膜不易剥落，有恶臭，撕去假膜则露出出血性溃疡面。随着病程的发展，口腔和喉部黏膜的假膜不断扩大和增厚，阻塞口腔和喉部，影响病鸽的吞咽和呼吸，嘴往往无法闭合，采食、饮水发生障碍，呼吸困难，病鸽频频张口呼吸，发出"嘎嘎"的声音。严重时，脱落的破碎小块痂皮掉进喉和气管，进一步引起呼吸困难，直至窒息死亡。雏鸽感染死亡率可高达50％以上。

3）混合型　是皮肤型与黏膜型混合发生的类型（彩图11），临床上较多见，病情往往较单一类型的严重，危害也较大。病鸽表现严重的全身症状，并随后发生肠炎，可迅速死亡，或急性症状消失后转为慢性肠炎，腹泻致死。

【诊断】根据眼睑、喙、鼻瘤、腿部、爪等无毛部位出现结痂病灶，或嘴角、口腔、食道内的痘疹或假膜，结合其流行情况，如蚊虫发生的夏季、初秋以皮肤型多见，而冬季以黏膜型多发，常可以作出初步诊断。进一步诊断可取痘痂，通过接种无特定病原体鸡胚进行病毒分离，应用病理组织学方法寻找感染上皮细胞内的大型嗜酸性包涵体和原生小体。应注意与疥虫病、念珠菌病、毛滴虫病和维生素A缺乏症相区别。

【防治措施】主要是平时搞好饲养管理，加强卫生消毒防疫工作，饲养密度要合理，保持鸽舍通风良好，供给充足的全价饲料和新鲜的保健砂，增强鸽自身的抵抗力，避免鸡鸽混养。避免各种原因引起啄癖或机械性外伤。新引进的鸽要经过隔离饲养，经30天观察，证实无疫病的方可合群。在夏、秋季应注意彻底消灭鸽舍内外的蚊子等吸血昆虫，以防其传播疫病。

预防本病的最有效的方法是疫苗免疫，在流行季节前接种鸡痘疫苗，不仅仅要给乳鸽、青年鸽接种，对所有鸽都应接种，在发病季节乳鸽出壳当天就要开始接种，用刺翼接种法接种疫苗，7～10天后检查刺种部位是否有痘疹和结痂。幼鸽出生3周龄以上接种，有效期可达1年。同时通过消除鸽舍周围杂草、填平臭水沟等措施，来减少或消灭蚊虫等吸血昆虫，或在鸽舍安装纱网来防止蚊虫进入鸽舍。每年的3—9月应彻底进行灭蚊，杀灭鸽痘的传染媒介。有鸽场在蚊虫季节鸽舍内安装电子灭蚊灯，可取得良好的灭蚊效果。

　　鸽一旦发病，应严格隔离，及时治疗，严重的应淘汰并对其进行无害化处理（深埋或焚烧等），健康鸽应进行紧急预防接种，污染场所要严格消毒。对发病鸽群的治疗，皮肤型鸽痘可将硬痂揭去后，涂上1%碘伏或紫汞局部治疗，同时可用0.01%结晶紫饮水，并在饲料或饮水中添加抗生素防止继发感染；黏膜型鸽痘早期可用庆大霉素眼药水点眼治疗，用0.4%盐酸吗啉胍饮水，可同时在饲料中添加0.2%阿莫西林或0.3%泰乐菌素，防止继发感染，尤其是防止葡萄球菌的感染；另外，在饲料中添加规定剂量3～5倍的多种维生素，可增强鸽抗应激能力，提高鸽的耐受力，降低病鸽死亡率。

80 什么是鸽疱疹病毒病？怎样诊断和防治？

　　鸽疱疹病毒病临床症状分为急性型和慢性型。急性型可见病鸽精神沉郁，羽毛蓬乱，食欲减少甚至厌食，严重下痢，经常打喷嚏，结膜发炎，鼻腔被黏液和已变成黄色的肉阜堵塞，嘴里鼻液形成发黄的、不附在黏膜上的假膜（彩图12）；慢性型的症状与继发感染有关，病毒感染并发了鸡毛滴虫或继发支原体或细菌性侵入者，就可能观察到鼻窦炎和严重的呼吸困难。同时会表现全身性的感染，并出现肝炎；有的病例出现神经症状。病程一般2～7天，转归多不良。主要根据病毒分离或血清学的检验结果，作出鸽疱疹病毒感染的诊断。临床上要注意急性鸽疱疹病毒感染可能与新城疫病毒感染相混淆；慢性鸽疱疹病毒感染并发或继发细菌的侵入，须与痘病毒感染的类白喉型区别。

　　目前没有针对鸽疱疹病毒感染的疫苗。应对这种病的一般治疗方法主要是根据该病的临床症状及继发感染情况而定，多采用抗病毒药物、抗生素和抗寄生虫药物联合用药的方法。

81 什么是鸽腺病毒病？怎样诊断和防治？

　　鸽腺病毒正常寄生于鸽上呼吸道、眼和消化道的黏膜，大多数引起无症状的隐性感染，一般很少将腺病毒当作原发性病原体，常见于其他疾病的并发症，或见于有免疫缺陷的鸽群，这样腺病毒很快就发挥机会性病原体的作用。近几年在浙江省等地区有鸽腺病毒感染发病报道，往往表现嗉囊炎，嗉囊积食，特征是上吐下泻。

【流行病学】我国鸽腺病毒最早是在1949年被分离到，由于本病毒首次是从腺体组织中分离获得，它又经常驻存在腺体组织细胞内，因而被命名为腺病毒。血清学调查证明，腺病毒感染在家禽中广泛存在，可从鸡、火鸡、野鸡、鸽、鹌鹑和鹅等禽类中分离到，我国鸡的腺病毒阳性率为8%～60%。

因腺病毒在环境中可长期存在，也存在于粪便、气管、鼻腔黏膜和肾脏中。粪便中的病毒滴度最高，很易水平传播。直接接触粪便是该病的主要传播方式，空气、人员和用具等也可传播。另外，可经胚胎垂直传播。本病在禽类广泛存在，往往呈隐性感染。已经证实腺病毒的隐性感染在SPF鸡群至少一代用双向琼脂扩散试验尚无法查出。

本病发病有一定的季节性，多发生在3月和7月。发病来得快，传播迅速，发病率高，可达100%，死亡率比较低，一般只有2%～3%。

【临床症状与病理变化】潜伏期较短，一般为1～2天。鸽感染腺病毒的两个临诊特征目前已经被证实，这些腺病毒被命名为Ⅰ群腺病毒（典型腺病毒）和Ⅱ群腺病毒（坏死性肝炎病毒）。

1）Ⅰ群腺病毒　主要感染12月龄以内的鸽，尤其是3～5月龄的幼鸽。临床表现精神委顿，蹲伏，羽毛蓬松，厌食，贪饮，嗉囊肿胀，呕吐，水样腹泻，体重下降，死亡率通常较低（除非有大肠杆菌并发感染），没有混合感染的鸽大约2周可康复。

2）Ⅱ群腺病毒　可感染10日龄至6岁的任何阶段的鸽。一般很少见到临床症状，被感染的鸽通常在24～48小时死亡。偶见感染的鸽出现呕吐和口角有黄色水样物流出，剖检无特征性病变。主要病变有嗉囊炎、肝炎，嗉囊内容物不消化，出现酸臭化，肝脏颜色变浅至微黄色，肿大，肝和骨骼肌有时有出血斑。

【诊断】本病诊断比较困难，可依流行病学和临床症状作出初步诊断。确诊需结合组织病理学试验，检查被感染鸽的肝细胞坏死情况，以及肠细胞或肝细胞内是否含有包涵体等。双向琼脂扩散、间接免疫荧光试验、酶联免疫吸附试验也有利于诊断。

【防治措施】腺病毒往往为隐性感染，只有受应激等因素造成免疫力下降时才诱发其致病，故只要加强日常饲养管理，满足鸽的营养需要，做好卫生消毒工作，减少各项应激，提高自身抵抗力，一般可预防本病。鸡产蛋下降综合征油乳剂灭活疫苗在鸽上已经被试用，对鸽腺病毒感染有一定的交叉保护作用。

发生鸽腺病毒感染后，应及时采取抗病毒、补充电解质、控制饮食等综合性治疗措施，同时使用抗生素控制并发感染，一般治疗效果比较好，治愈后不易复发。

82 什么是鸽副伤寒？怎样诊断和防治？

鸽副伤寒又称鸽沙门氏菌病，是由带鞭毛、能运动的沙门氏菌引起的鸽急性或慢性传染病。由于能垂直传播，而且发病是慢性的和隐性的，致使该病难于根除，阳性率比较高，对鸽危害比较大，是鸽常见的和重要的细菌性人兽共患传染病之一。

【流行病学】鸽副伤寒在自然条件下主要侵害雏鸽。雏鸽发病往往呈急性或亚急性，成年鸽则呈慢性经过或隐性感染。各种家禽和野禽对沙门氏菌均易感，其中以鸡和火鸡最为常见，能互相传染，也会传染给人类。

本病的传染源主要是患病鸽和病愈鸽。主要通过消化道（如食入污染的饮水饲料）和呼吸道（如吸入带菌飞沫等）传播途径水平传播，也可通过种蛋途径传播，包括经卵巢垂直传播和穿过蛋壳的间接经卵传播，使刚孵出的雏鸽致病。病愈鸽的生长受阻，更严重的是常成为长期带菌者，不时向外排菌，散布病原，使此病连绵不断，难以彻底消灭。鼠类和苍蝇等有害生物也是携带本菌的重要传播媒介。

本病一年四季均发生，无明显季节性。该菌为条件性致病菌，当鸽的抵抗力降低、环境中应激因素增强或增多时就会引起发病和流行。

【临床症状与病理变化】急性多见于雏鸽，慢性常见于成年鸽。该病潜伏期一般为 12～18 小时，急性病例常发生在出壳后数天内，往往不见症状就死亡。乳鸽、体弱鸽感染本病的症状不明显，一般在感染 4～5 天内形成严重的肠炎，并迅速转变为急性败血症，有的会很快死亡。青年鸽及成年鸽感染后病情慢慢加剧，其症状和病变有以下四种类型。

1）肠型 本型主要表现为消化机能严重障碍。病鸽精神呆滞，食欲不振或废绝，毛松，呆立，缩头，闭眼，排水样或黄绿色、褐绿色、绿色带泡沫的稀粪，粪中夹杂有被黏液包裹的粮食，发出恶臭，肛门附近羽毛被粪便沾污，迅速消瘦，多在 3～7 天内死亡。

2）关节型 当肠型进一步发展时，病原透过肠壁进入血液，形成败血症，再转到关节等其他部位而引起炎症。关节炎引起关节肿大，多呈单侧性关节肿胀、僵硬，尤以肘关节、踝关节为多见，并见翼、脚麻痹，常单侧翼下垂，患侧脚抬起。病鸽表现精神高度沉郁，闭眼昏睡，食欲下降，口渴饮水多。

3）内脏型 一般无特殊症状，严重时可见病鸽精神沉郁，呼吸困难，日渐消瘦，病情迅速恶化，病程也较短，机体衰弱以致死亡。

4）神经型 不多见，病鸽因脑脊髓受损害而表现为共济失调、头颈歪扭、头低下、后仰、侧扭、转圈运动等神经症状。

【诊断】通过流行病学、临床症状和剖检病变可作出初步诊断，确诊需进行实验室细菌分离鉴定。需注意与鸽新城疫、鸽大肠杆菌病等进行区别。

【防治措施】鸽副伤寒不仅是水平传播的疾病，而且是垂直传播的疾病，因此，不仅需在饲养管理等方面做工作，还需要对种鸽加强检疫，淘汰阳性鸽，通过净化培育鸽副伤寒阴性的种鸽群，从而可根除该病。

一旦发病，多数抗生素对本病均具有较好的治疗效果。用药量和投药途径，可根据病情的轻重程度而定。在鸽群病情较轻、食欲正常的情况下，可选用1~2种药物，按治疗量拌入饲料内喂给，强力霉素按每千克饲料加100毫克、氟苯尼考按每千克体重25~30毫克内服，连喂4~5天。对病情较重、食欲严重减退甚至出现死亡的鸽群，可使用抗生素或喹诺酮类针剂，对全群进行肌内注射治疗，每天1次，连用3~4天。

83 什么是鸽大肠杆菌病？怎样诊断和防治？

鸽大肠杆菌病指由不同血清型致病性大肠杆菌引起的局部或全身性感染的疾病，包括大肠杆菌性败血症、大肠杆菌性肉芽肿、气囊炎、腹膜炎、输卵管炎、脑炎等。本病的特征是引起心包炎、气囊炎、肺炎、肝周炎和败血症等病变，是鸽常见的、重要的、多发的细菌性传染病之一，给养鸽业造成较大的经济损失。

【流行病学】大肠杆菌广泛存在于自然环境、饲料、饮水、鸽舍、鸽等中。大肠杆菌也是鸽肠道的常在菌，正常鸽内有10%~15%大肠杆菌是潜在的致病性血清型。啮齿动物的粪便中也常含有致病性大肠杆菌，通过污染的井水或河水也可将致病性血清型引入鸽群。

本病主要通过消化道感染，也可通过呼吸道传播，还可通过蛋传播给下一代。临床常见发病率为5%~30%。发病率因日龄和饲养管理条件不同而异，环境差、日龄小的发病率较高。

大肠杆菌是条件性致病菌，潮湿、阴暗、通风不良、积粪多、拥挤，以及鸽患感染鸽新城疫、鸽支原体病等疾病，常为引起本病的主要诱因。本病无季节性，一年四季均可发生，但在潮湿、阴暗的环境中易发，各种年龄的鸽都可发生。

【临床症状与病理变化】鸽大肠杆菌病是由不同血清型致病性大肠杆菌引起的急性、慢性细菌性传染病。本病的特征有败血症、纤维素性浆膜炎和肠炎等。

1）急性败血型　精神沉郁，厌食，体温升高，排黄色或黄绿色稀粪，两翅下垂，鼻瘤暗紫。剖检可闻到特殊臭味。可见纤维素性心包炎（彩图13）。肝呈青铜色或土灰色，肝浆膜上有一层灰白色的纤维素膜覆盖，有的肝表面散布大量针尖样大小的坏死灶。肠黏膜充血、出血。少数病例腹腔有积液和血凝块（彩图14至彩图16）。

2）浆膜炎型　主要包括心包炎、气囊炎、肝周炎、卵黄性腹膜炎等。病理变化的共同特点是纤维素性渗出物增多，附着于浆膜表面，严重的常与周围器官粘连。卵黄性腹膜炎主要发生在产蛋鸽，病鸽肛门周围羽毛沾有蛋白或蛋黄状物，剖检时腹腔内有腥臭味，积有卵黄状物，卵黄变性破裂，造成卵黄性腹膜炎（彩图17）。

3）其他病型　包括输卵管炎、肠炎、全眼球炎、关节炎、脐炎等，表现为失明、下痢、关节肿胀、跛行等。此外，大肠杆菌感染的鸽可造成头部水肿，出现神经症状；也有的引起大肠杆菌性肠炎肉芽肿，剖检在肝脏、盲肠和十二指肠及肠系膜呈典型的肉芽肿。

【诊断】鸽大肠杆菌病临床上表现类型较多，以浆膜炎型较为常见。病鸽临床表现以排黄白色稀粪为主，剖检见有纤维素性浆膜炎（如心包炎、气囊炎、肝周炎、卵黄性腹膜炎）或有肠炎肉芽肿，据此可作出初步诊断，确诊需进行细菌的分离鉴定。

【防治措施】大肠杆菌是条件致病菌，当环境因素改变或发生应激因素时会引起鸽发病。因此，加强饲养管理，保持鸽舍卫生清洁，做好消毒工作（除常见场所的定期消毒外，还应注意巢窝、垫布的消毒），合理通风，保持合理的饲养密度，供应优质饲料和合格的饮用水，采取措施减少与降低浮尘，及时更换产蛋巢窝，可有效预防大肠杆菌病。使用微生态制剂维持胃肠道正常生理功能，对控制鸽大肠杆菌病的效果也比较好，需要注意的是其预防效果好于治疗效果，在生产中应长时间连续饲喂，并且越早越好。接种疫苗仍为防治本病的一种有效方法，目前只有鸡大肠杆菌多价灭活疫苗，发病严重的鸽场或种鸽场可选择用来预防，首次免疫为4周龄，第 2 次免疫为 18 周龄，免疫期约 8 个月。

大肠杆菌对多种抗生素、磺胺类都敏感，但也容易出现耐药性，尤其是一些鸽场长期使用氨基糖苷类、磺胺类药物作为添加剂，所以在治疗时应经常变换药物或应用两种以上药物。有条件的鸽场尽量做药敏试验，在此基础上选用敏感药物进行治疗；无条件进行药敏试验的鸽场，在治疗时一般可选用下列药物：强力霉素按每千克饲料加 100 毫克，氟苯尼考按每千克体重 25～30 毫克，连喂 4～5 天。

84 什么是鸽慢性呼吸道病？怎样诊断和防治？

支原体广泛存在于植物、昆虫、人、动物体内，也普遍存在于鸽舍和鸽群中。德国一位鸽医做过普查，90％鸽舍能检出支原体存在，而没检出的鸽舍都在检查前进行过药物治疗。

鸽慢性呼吸道病是鸽最常见的慢性呼吸系统疾病，部分支原体对人、禽、猪、牛及实验动物等具有一定的致病性，主要侵害呼吸道及生殖系统，引起气管炎、支气管炎、肺炎、气囊炎，还能引起关节炎和眼部感染。

不同日龄的鸽都可发生，但以乳鸽最易感染。发病后死亡率低，感染后乳鸽生长发育迟缓，品质下降，体质降低，抗病力下降，淘汰率增加。引起种鸽产蛋率、孵化率下降，严重时甚至引起死亡。一般发病率 15％左右，死亡率约 8％；继发大肠杆菌病和毛滴虫病等其他疾病时，发病率、死亡率可达 20％～40％。

患慢性呼吸道病的病鸽呈慢性经过，病程较长，一般潜伏期达 7～14 天。初期病鸽精神状态差，下蹲，羽毛松乱，离群呆立，食欲减退，发育迟缓，生产性能下降等。随着病程的发展，病鸽流浆液性或黏液性鼻液，使鼻孔堵塞而妨碍呼吸，窦部肿胀，频频摇头，打喷嚏、咳嗽，发出"咯咯"的喘鸣音，呼出气体有恶臭味；有些病鸽眼结膜发炎，眼睑肿胀，有渗出物，甚至失明。患病鸽易继发其他细菌感染和寄生虫病，继发其他细菌病时会出现腹泻。病鸽由于生长发育缓慢或停滞而逐渐消瘦。有时侵入生殖系统，引起鸽产蛋量下降，甚至丧失繁殖能力。经蛋传播造成胚胎死亡和新生雏鸽生长迟缓，雏鸽还可能出现呼吸道-神经症状综合征，须引起重视。有的感染鸽群不表现临床症状，直至有并发感染或有诱发因素出现时才出现临床症状。

根据流行病学、临床症状和病理变化可作出初步诊断，确诊需进行血清学检查和病原分离鉴定。

建议采取与预防鸡慢性呼吸道病相类似的综合防疫措施。鸽支原体感染的严重程度与鸽场的饲养管理及环境卫生状况直接相关，所以必须做好相关方面的工作，防患于未然，必要时进行免疫接种。

（1）加强饲养管理　供给鸽群足够的营养成分，尤其是维生素A，提高抗病力，种鸽饲养中尽量控制好饲养密度。重视鸽舍内的带鸽消毒及对周围环境的清洁卫生工作，减少鸽舍内外的灰尘和病原微生物，每周清粪、消毒一次，每日更换清洁卫生的饮水，同时用过氧乙酸带鸽消毒，降低舍内氨气的浓度。特别要注意的是绝不能让鸡和鸽混养，鸽场尽量远离鸡场，防止来自鸡场的支原体水平传播。

（2）建立支原体阴性的种鸽群　支原体能经蛋传播，应有计划实施净化，实行小群饲养，定期进行支原体血清学检测，坚决淘汰阳性鸽。在产蛋前对鸽群进行一次血清学检查，无阳性反应时可用作种鸽。全部阴性的种鸽群所产的种蛋不经过药物或热处理孵出的子代鸽群，经过几次检测未出现阳性反应后，可以认为已建成支原体阴性种鸽群。

（3）接种疫苗　免疫接种可有效防止本病的发生和经种蛋垂直传播，是预防支原体感染的一种有效方法。国内外使用的疫苗主要有弱毒慢性呼吸道病疫苗和慢性呼吸道病灭活疫苗，可以考虑选用鸡慢性呼吸道病油乳剂灭活苗，剂量作适当调整，须注意不能在鸽群中盲目使用弱毒苗。

（4）消毒处理种蛋　对减少支原体垂直传播也有一定的帮助作用，在进行熏蒸消毒前，可以采用以下 3 种方法对种蛋先进行处理：①对表面不清洁的种蛋要用干净的纱布擦干净；②要将蛋表面的病原微生物用消毒剂处理干净，消毒剂的温度要比蛋表面的温度高 17~18℃，不要超过 47℃，可以采用洗涤或浸泡的方法，常用消毒剂有 0.02％季铵盐消毒剂等；③用冷的抗生素进行浸泡，浸泡液有 0.03％泰乐菌素、0.05％庆大霉素等，通过浸泡，抗生素可以由蛋孔进入蛋内，从而起到杀灭支原体的作用。除熏蒸消毒外，当人工孵化时还可采用高温处理种蛋，对已经感染了支原体的种蛋要进行高温孵化，通过这种方法有效控制病原微生物（包括支原体）。

（5）药物治疗　一旦鸽群感染严重时，可使用药物来防治。治疗慢性呼吸道病的药物有泰乐菌素、强力霉素、链霉素、庆大霉素、卡那霉素、新霉素等，效果较好的有泰乐菌素、红霉素、螺旋霉素类。该病经常混合其他病菌感染，最好选择抗菌谱广的药物。常用药物及剂量如下：红霉素 0.01％饮水或 0.02％~0.05％拌料，泰乐菌素 0.05％饮水，壮观霉素 0.003％饮水。

85 什么是鸽曲霉菌病？怎样诊断和防治？

鸽曲霉菌病是由烟曲霉菌等致病性霉菌引起的一种常见真菌病，是当前危害鸽的一种重要的传染病。我国各地都有本病的发生和报道，尤其是在南方潮湿地区常有发生，多因饲料和垫料发霉所致。主要侵害呼吸系统，常引起肺部感染，所以也称为曲霉菌性肺炎。主要病变是肺及气囊发生炎症、形成结节，偶见眼、肝、脑等组织出现病变。

【流行病学】曲霉菌的孢子广泛存在于自然界如土壤、垫草、饲料、谷物、鸽舍、鸽体表等，霉菌孢子可借助于空气流动而散播到较远的地方，在适宜的环境条件下可大量生长繁殖，污染环境，引起传染。

曲霉菌可引起多种禽类发病，鸡、鸭、鹅及多种鸟类均易感，幼鸽最易感，特别是 20 日龄内的乳鸽，多呈急性、群发性暴发，发病率和死亡率较高；成年鸽多为散发，产蛋率下降，蛋品质下降，沙壳蛋、畸形蛋增多，受精率下降，孵化率下降，死胚增加，有可能造成大批死亡。

本病的主要传染媒介是被曲霉菌污染的垫料和发霉的饲料。饲养环境卫生状况差、饲养管理差、室内外温差过大、通风换气不良、过分拥挤、阴暗潮湿及营养不良，都是促进本病流行的诱因。

本病在我国南方地区发生较多，特别是在梅雨季节；而在北方，地面育雏的鸽群常常发生。

【临床症状】本病潜伏期3～10天。病鸽的主要症状是呼吸困难。雏鸽开始减食或废食，精神委顿，闭目缩颈，羽毛松乱，翅下垂，呆立一隅，嗜睡，对外界反应淡漠；有时口腔与鼻孔内流出浆液性分泌物；体温升高；呼吸困难，呼吸次数增加，喘气，不时发出摩擦音或沙哑的水泡声响。病程的后期，病鸽出现严重的呼吸困难，张口呼吸，鼻瘤暗紫，吞咽困难，下痢，迅速消瘦，最后伏地不起，呈腹式呼吸，因衰竭而死亡。病程一般在1周左右。如不采取措施或发病严重时，死亡率可达50%以上。

慢性病例症状往往不明显，主要是呈现阵发性喘气，食欲不佳、下痢，迅速消瘦直至死亡。部分鸽出现扭头神经症状。产蛋鸽表现产蛋率下降，蛋品质下降，沙壳蛋、畸形蛋增多，受精率下降，孵化率下降，死胚增加。

【病理变化】本病的主要病变在肺和气囊发生炎症和形成结节。病初肉鸽肺脏出现瘀血、充血，随之出现肉芽肿病变，再发展便出现黄白色大小不等的霉菌结节（彩图18），严重时肺脏完全变成暗红色，肺组织质地变硬，弹性消失，时间较长时，可形成钙化的结节。气囊膜混浊、增厚，或见炎性渗出物覆盖，气囊膜上可见有数量和大小不一的结节（彩图19），有时可见成团的灰白色或浅黄色的霉菌斑、霉菌性结节，其内容物呈干酪样。肝脏肿大2～3倍，质地易碎，严重时有无数大小不一的黄白色霉菌性结节（彩图20）。肠道刚开始充血，逐渐有出血现象，再发展出现肠黏膜脱落，更严重时出现霉菌性结节（彩图21）。发展成脑炎性霉菌病时脑充血、出血（彩图22），可见一侧或双侧大脑半球坏死，组织软化，呈淡黄色或棕色。部分病鸽出现气管、支气管黏膜充血，有炎性分泌物，脾脏和肾脏也见肿大，法氏囊萎缩。

【诊断】根据临床症状和病理变化可以作出初步诊断。确诊需取新鲜的病变组织或结节于载玻片上，加 1～2 滴 20％氢氧化钠溶液，镜检发现霉菌菌丝和孢子；也可取霉菌性结节接种于马铃薯培养基、沙堡劳氏培养基进行分离真菌培养，显微镜观察菌丝、分生孢子和顶囊。须注意与鸽沙门氏菌病、鸽支原体病和鸽大肠杆菌病的区别。

【防治措施】严禁饲喂发霉变质的饲料和使用发霉的垫料是预防本病的关键措施。另外，还应加强饲养管理，合理通风换气，保持鸽舍内环境及用具的干燥、清洁卫生，食槽和饮水器要经常清洗，垫料要经常翻晒和更换，特别是阴雨季节，更应翻晒，防止霉菌滋生，坚持定期消毒。

本病目前无特效疗法。发病后立即清除鸽舍内发霉的垫草，停喂发霉的饲料，改喂新鲜的饲料。早期及时使用硫酸铜、高锰酸钾等有一定的疗效，可减少死亡，可同时用 0.05％硫酸铜溶液或 0.5％～1％碘化钾代替饮水，连用 3～5 天。严重感染的鸽由于脏器已发生器质性坏死，很难治愈。

86 什么是鸽衣原体病？怎样诊断和防治？

鸟疫又称衣原体病，是由鹦鹉热嗜衣原体引起的一种高度接触性传染病。多种鸟类均可感染，自然情况下，野鸟特别是鹦鹉的感染率最高，所以也称"鹦鹉热"或"鹦鹉病"。本病能引起鸽群长期带菌或发病，是鸽常见的传染病，在世界范围内都会发生。临床症状主要表现为结膜炎、鼻炎、口腔炎、肺炎、心包炎、气囊炎、肠炎、多发性关节炎、脑炎等。人也会感染，是一种人兽共患病。

本病潜伏期一般为 4～7 天。鸽衣原体病对乳鸽（尤其是 2～3 周龄）危害较大，多为急性型，症状也最明显。主要表现为精神委顿，嗜睡，独处一隅，不愿活动，羽毛松乱，食欲大减，饮欲大增，腹泻，排黄色或淡绿色水样稀粪，消瘦；最后幼鸽会因败血症而死亡，死亡率最高可达80%。慢性病例表现为结膜炎，病鸽通常发生单侧或双侧眼结膜炎，眼睑肿胀，有浆性或黏性分泌物流出，严重者失明；并发鼻炎时，分泌黏液，常堵塞鼻孔，甩头，打喷嚏，呼吸困难，发出"咕噜、咕噜"的喘息声；随病情发展，病鸽逐渐消瘦和衰弱，并可能因痉挛而死亡，发病率可高达40%以上，死亡率因有无并发或继发其他疾病而高低不一，一般为10%左右。产蛋鸽表现产蛋率下降，蛋品质下降，畸形蛋、沙壳蛋、软壳蛋和破壳蛋增多。少数鸽还可见翅膀、腿脚麻痹和扭颈等神经症状。

没有特殊方法来预防鸽衣原体病的发生，应按照常规兽医卫生防疫规定来做，如控制传染源，隔离病鸽，严格处理病死鸽等有害物，避免鸽群接触到潜在的衣原体宿主，包括野禽、宠物以及外来人员等；应做到肉鸽不得与其他鸟类混养，不同日龄的鸽亦需分群饲养，避免拥挤；需设网防止鸟类飞入。做好饲养环境的清洁消毒工作，以切断其传播途径等。尚无成功的商品化疫苗可供免疫接种。

一旦鸽发生衣原体感染，可选择红霉素等药物对全群治疗。可用红霉素0.01%饮水或0.02%～0.05%拌料，或用泰乐菌素0.05%饮水，连用3～5天。或用0.05%泰乐菌素溶于水中供鸽饮用，连用3～5天。

87 什么是鸽毛滴虫病？怎样诊断和防治？

鸽毛滴虫病又称口腔溃疡病，亦称为"鸽癀"，是由鸽毛滴虫（图5-10）引起的一种寄生在鸽消化道上段的原虫病。鸽毛滴虫病较为普遍，我国几乎所有的鸽场都存在因其发病机会多，且难以根除，故成为困扰养鸽行业的顽疾，是最常见的鸽病。

本病主要通过接触而感染，绝大多数鸽都带有毛滴虫，但不引起发病，只有大量的病原体进入体内，鸽才表现临床症状。最常见的特征是口腔和咽喉黏膜形成粗糙的纽扣状黄白色沉着物（彩图23），湿润的称为湿性溃疡；呈干酪或痂块状的则称为干性溃疡。

脐部感染时，皮下形成肿块，呈干酪样或溃疡性病变；波及内脏器官时，会引起黄色、粗糙、界线明显的干酪样病灶，结果导致实质器官组织坏死。

【流行病学】各种年龄的鸽都会发生本病。除鸽外，毛滴虫还可感染鸡、火鸡、鸵鸟、鹦鹉和许多鸟类。

目前大约20%的野鸽和60%以上的家鸽都是毛滴虫的携带者，这些鸽不表现明显的临床症状，但能不断地感染新鸽群，这样就使得本

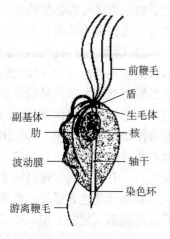

图5-10　毛滴虫的形态

病在鸽群中连绵不断。由于许多成年鸽是无症状的带虫者，它们常是其他鸽特别是乳鸽的传染源。往往由于雏鸽吞咽亲鸽嗉囊中的鸽乳而直接遭受传染，因而2~5周龄的乳鸽、童鸽发生本病最为多见，且病情亦较严重。本病任何品种、年龄及性别的鸽都易发生，尤其是幼鸽临床表现较严重，死亡率也较高，给养鸽场（户）造成了严重的经济损失。

鸽毛滴虫病的主要感染途径是经口感染。虫体最常寄生和损害的部位是消化道，患鸽的口腔溃疡灶是毛滴虫的聚居点，唾液中也有大量活的虫体。患病鸽和带虫鸽都是感染源，虫体通过污染的饮水、饲料、伤口及未闭合的脐带口等途径都可感染鸽，主要是接触性感染。成年鸽可通过相互接吻把虫体传递给同伴，乳鸽因吞食亲鸽的鸽乳而被感染，并保持终生带虫。感染其他疾病、应激因素和鸽抵抗力下降等可成为本病的诱因。

本病一年四季均可发生，尤以高湿季节更为严重。

【临床症状】潜伏期一般是4~14天。症状是否出现和死亡的严重程度，取决于虫体的毒力强弱、数量和鸽机体的抵抗力。通常情况下，成年鸽多为无症状的带虫者，幼鸽可出现严重的发病及死

亡。根据虫体侵害部位的不同，有咽型、脐型、内脏型和泄殖腔型之分，病程多为几天至3周，咽型的比较短，可于几天内死亡。

1）咽型　最为常见，也是危害最大的致病类型。病鸽常由于摄入大量尖利的谷物或较粗的砂子造成口腔黏膜破损，促使病原侵入黏膜而感染发病，导致采食、饮水和呼吸困难。病鸽表现精神沉郁，羽毛松乱，消化紊乱，腹泻和消瘦，食欲减退，饮水增加，口腔分泌物增多且黏稠，可流出青绿色的涎水，嗉囊塌瘪，伸颈做吞咽姿势，口中散发出恶臭味。患鸽呼吸受阻，有轻微的"咕噜、咕噜"声。有些患鸽常张口摇头，使劲从口腔中甩出堵塞物——浅红色黏膜块或黄色黏膜块，像常用的胶水，连续不断地甩，直甩得两眼潮湿流泪，难受不堪。严重感染的幼鸽会很快消瘦，4～8天内死亡。死前病鸽眼结膜、口黏膜发绀。

2）内脏型　本型一般由其他型的病情进一步发展而来，或是大量食入被污染的饲料和水而被感染。病鸽常表现精神沉郁，羽毛松乱，食料减少，饮水增加，有黄色黏性水样的下痢（似硫黄色，带泡沫），进行性消瘦，体重下降，龙骨似刀。若为呼吸道患病，可见病鸽呼吸时伴有张口或伸颈姿势，咳嗽和喘气。若肠道受损害，则病鸽饮食废绝、羽毛松乱、震颤、排淡黄色糊状稀粪，迅速消瘦和死亡。1月龄的幼鸽感染常有较高的发病率和死亡率。

3）脐型　这一类型较少见。许多幼鸽从带虫的母鸽获得母源抗体而得到保护，因此最初几天能健康地生存，当巢盘和垫料被毛滴虫污染严重时，通过乳鸽未愈合的脐孔侵入而感染发病。病鸽表现精神呆滞，食欲减少，羽毛蓬松，消瘦，脐部皮下红肿甚至形成炎症或肿块。患病乳鸽外观呈前轻后重，行走困难，鸣声微弱，抬头、伸颈、受食困难。有的发育不良而变成僵鸽，病重的还会导致死亡。

4）泄殖腔型　多发生在刚开产的青年母鸽或难产（卵秘）的母鸽，表现泄殖腔腔道变窄，排泄困难，甚至粪便积蓄于泄殖腔。粪便中有时还带血液和恶臭味，肛门周围羽毛被稀粪沾污，翅下垂，缩颈呆立，尾羽拖地，常呈企鹅样，最后全身消瘦，因衰竭而死亡。泄殖腔型是一种不可忽视的病型，应引起重视。

【病理变化】

1）咽型　病鸽的口腔、咽喉部可见浅黄色分泌物。有时从嘴角到咽部，甚至是食道的上段黏膜上有界线明显呈纽扣或黄豆大小的干酪样沉着物。有些病鸽的整个鼻咽黏膜均匀散布一层针尖状病灶，也可出现在腭裂上，极易剥离。唾液黏稠，嗉囊空虚。

2）内脏型　病变发生在上消化道时，其病变与咽型类似，嗉囊和食道有白色小结节，内有干酪样物，嗉囊有积液。肝脏患病时，肝脏、脾脏的表面可见有绿豆大至玉米粒大、界限分明的灰白色小结节，呈霉斑样放射状；在肝实质内有灰白色或深黄色的圆形病灶（彩图24）。肠受损害时，可见肠臌气，肠黏膜增厚，剪口明显外翻，绒毛疏松像糠麸样，胰腺潮红且明显肿大。

3）脐型　脐部及周围呈现质地较实的肿胀，肿块的切面是干酪样物或溃疡性病变。

4）泄殖腔型　病变主要在直肠和泄殖腔，可见呈纽扣或黄豆大小的干酪样沉积物（彩图25）。

【诊断】可根据咽型及内脏型的特征病变作出初步诊断。本病最好是取喉部或嗉囊黏液涂片镜检，若发现大量活虫体，再结合病变和症状，可进行确诊。但需注意的是，鸽毛滴虫带虫率相当高，口腔中检到毛滴虫较普遍。具体方法是：用棉签拭取喉部黏液，在滴有生理盐水的玻片上涂抹，然后用显微镜检查，若有毛滴虫，可见呈梨形、有四条鞭毛的虫体螺旋式运动。须注意与鸽痘、念珠菌病、维生素A缺乏症和细菌病相区别。

【防治措施】预防本病的措施主要加强饲养管理，成鸽与童鸽应分开饲养，有条件的成鸽单栏饲养，幼鸽小群饲养，并注意环境、饲料、食槽、水槽及饮水的清洁卫生。平时定期检查鸽群口腔有无带虫，最好每年定期检查数次，怀疑有虫者，取其口腔黏液进行镜检。定期进行检疫、消毒、净化和预防性投药，是控制本病发生的有效措施。常用的预防性投药是使用 $0.01\%\sim0.02\%$ 甲硝唑（灭滴灵）或二甲硝咪唑混料饲喂，或每升水加 $100\sim200$ 毫克，连用3天。

发现病鸽和带虫鸽立即隔离饲养，并用药物治疗，可以采取下述方法：①0.05％结晶紫溶液或硫酸铜溶液饮水，连用1周，具有预防和治疗效果。②二甲硝咪唑治疗效果最为有效，用法是配成0.05％的水溶液代替饮水，连用7天，停服3天，再饮7天，目的是杀死幼虫，断绝毛滴虫的营养源，效果较好。③在饲料中定期添加0.5％大蒜素，其预防和治疗效果也比较好。

在使用以上抗毛滴虫药物治疗的同时，可在饲料中添加一些维生素和抗生素，以提高机体抵抗力，防止继发感染。

对少数病鸽可采用手术疗法。用消毒棉签蘸取生理盐水，将病鸽口腔中的假膜软化并轻轻剥离干净，然后涂以5％碘甘油，每天1次，同时可用甲硝唑或二甲硝咪唑直接投喂，每次半片，每天2次，连续3～5天。

88 什么是鸽羽虱病？怎样诊断和防治？

羽虱是鸽体表皮肤和羽毛上常见的一种外寄生虫，属于节肢动物。种类很多，在同一鸽体表常寄生数种虱，是鸽体表的永久性寄生虫。具有严格的宿主特异性，即各种羽虱都有各自特定的宿主，如鸡羽虱不会感染鸽，并有一定的寄生部位。这些虱附在鸽体表，以鸽的羽毛和皮屑为生，但有时也吸血，引起鸽奇痒，造成羽毛断折，严重时会啄伤皮肤，给养鸽业带来一定的经济损失。

【流行病学】虱是永久性寄生虫，终生都在鸽体上。其发育过程包括卵、若虫和成虫3个阶段，为渐变态，整个发育期均在鸽的体表进行。鸽虱产的卵常集合成块，通常成簇附着于羽毛上（彩图26），依靠鸽的体温孵化，经5～8天变成幼虱，在2～3周内经3～5次蜕皮而发育为成虫，成虫又可产卵，常一年多代，且世代重叠。1对虱在几个月内可产120 000个后代。

羽虱的传播主要是通过鸽之间的直接接触，或通过鸽舍、饲养用具和垫料等间接传染。羽虱病流行范围很广，许多鸽场都有发生。在丘陵地区的较低洼地区感染程度严重，产蛋鸽较肉仔鸽感染相对严重；常下水的鸽较少感染。羽虱的繁殖与外界环境无关，一年四季均可发生，冬季较严重。

【临床症状】羽虱主要啮食羽毛基部的保护鞘、细羽毛、羽毛细枝、皮屑等，同时刺激神经末梢，引起鸽奇痒和不安，影响鸽的采食和休息，造成消瘦、营养不良和母鸽产蛋下降等；瘙痒严重时鸽频繁搔痒，用嘴啄食痒处，啄毛，使羽毛脱落或折断，严重时常啄伤皮肤，引起出血。

【诊断】鸽羽虱因肉眼可见，临床上鸽瘙痒不安，羽毛发生磨损、断裂甚至脱落，诊断相对容易。检查羽毛，发现羽虱或卵即可确诊。对于鸽羽虱准确的种类诊断需置显微镜下观察辨别。

【防治措施】鸽舍要经常清扫，垫草常换，定期检查鸽群有无虱子，一般每月2次。在鸽虱流行的养鸽场，可选用0.02％胺丙畏、0.2％敌百虫水溶液、0.03％除虫菊酯、0.01％溴氰菊酯、0.01％氰戊菊酯和0.06％蝇毒灵等药液喷洒鸽舍、产蛋箱、地面及用具等，杀灭其上面的鸽虱。对新引进的种鸽必须检疫，如发现有鸽虱寄生，应先隔离治疗，愈后才能混群饲养。

对病鸽可采取以下两种方法治疗：①用上述药液喷洒于鸽羽毛中，并轻轻搓揉羽毛使药物分布均匀；②将患鸽浸入上述药液中几秒钟，把羽毛浸湿，在寒冷季节药浴要选择温暖的晴天进行，并预先提供充足的饮水，防止引起中毒。各种灭虱药物对虱卵的杀灭效果均不理想，因此用药每10～15天后需再治疗1次，连用2～3次，以杀死新孵化出来的幼虱。在治疗时，必须连同鸽舍墙壁、用具、笼具一起喷雾，以杀灭暗藏的虱和卵。

89 什么是鸽维生素D缺乏症？怎样诊断和防治？

维生素D是十几种具有维生素D活性的化合物的总称，对鸽有重要影响的主要是维生素D_3。维生素D的主要作用是参与机体的钙、磷代谢，促进钙、磷在肠道的吸收，以及在骨骼中的沉积，同时还能增强全身的代谢过程，促进生长发育，是参与组成骨骼、喙、爪和蛋壳的必需物质，是维持鸽体正常钙、磷代谢所必需的物质。

维生素 D 的来源：①晒干的青绿植物，其中的麦角固醇经紫外线照射后转化成维生素 D_2；②鲜肝、肝粉、鱼肝油等，其中的维生素 D 是由皮肤中的 7-脱氢胆固醇经紫外线照射而形成的，形成后大多贮存在肝脏。绝大部分常用饲料中不含维生素 D 或含量较少，但一般情况下，并不需要特别补充维生素 D，因为鸽的皮肤和许多饲料中的胆固醇和麦角固醇可通过阳光中的紫外线转变为维生素 D。

维生素 D 缺乏会造成钙、磷吸收和代谢障碍，引起骨骼、喙和蛋壳形成受阻，影响生长鸽骨骼的正常发育，使骨骼不能进行钙化，结果导致骨质软化，因此也称为佝偻病或骨软化症。另外，可引起产蛋母鸽初期蛋壳不坚，破蛋率高，严重时产薄壳蛋、异形蛋、软壳蛋，产蛋率和孵化率显著降低。

【病因】饲料中缺乏维生素 D，维生素 D 制剂添加量不足，鸽群缺乏阳光或紫外线的照射，消化吸收功能障碍，以及患有肝或肾疾病等均是造成维生素 D 缺乏症的原因。

【临床症状】维生素 D 缺乏症主要多发于乳鸽，最早在 10 日龄左右出现症状，大多在 1 月龄前后表现明显。病鸽呈现生长停滞，体质虚弱，骨骼发育不良，两腿无力，走态不稳或不能站立，腿骨变软、变脆，易骨折，喙和趾变软、易弯曲。肋骨也变软，脊椎与肋骨交接处发生肿大，触之有小球状结节。成鸽缺乏维生素 D 时主要表现为产蛋减少，甚至停产，蛋壳变薄，产异形蛋，或经常产软壳蛋。随后产蛋量明显减少，种蛋孵化率降低。少数鸽在产蛋后，腿软不能站立，表现出像"企鹅样蹲着"的特别姿势，蹲伏数小时后才恢复正常，严重的病鸽也有胸骨、肋骨、腿、趾变软和行走困难的现象。

【病理变化】剖检雏鸽可见脊椎与肋骨交接处形成"珠球状"结节，肋骨向后弯曲。长骨的骨端钙化不良、质脆，严重时胫骨也变软易弯曲。成鸽的喙、胸骨变软，龙骨弯曲，骨质变脆而容易折断，肋骨与胸骨、椎骨结合处内陷，肋骨内侧表面有小球状的突起。

【诊断】根据流行情况、临床症状和剖检病变可作出初步诊断。

【防治措施】加强饲养管理，尽可能让病鸽多晒太阳，也可在鸽舍中用紫外线照射。鸽每天照射 15～50 分钟日光就能完全预防维生素 D 缺乏症。同时，由于维生素 D 与机体的钙、磷代谢密切相关，所以一般在进行治疗时应注意饲料中的钙、磷含量及钙、磷搭配的比例，一般钙和有效磷的比例以 2：1 为宜。

鸽缺乏维生素 D 时，除在日粮中增加富含维生素 D 的饲料外，还可在每千克饲料中添加鱼肝油 10～20 毫升，同时在每千克饲料中添加多种维生素 0.5 克，一般持续 2～4 周。病鸽可滴服鱼肝油数滴，每天 3 次；或肌内注射维丁胶性钙注射液每天 0.2 毫升/只，连用 7 天左右。但也不能操之过急，应根据维生素 D 缺乏的程度给予相适宜的量，避免盲目加大剂量，否则会对肾脏造成损害，引起中毒。

90 什么是鸽嗉囊炎？怎样诊断和防治？

鸽嗉囊炎是鸽一种常见的上消化道疾病，可分为硬嗉囊炎和软嗉囊炎两类。各种年龄的鸽都可发生，但以 1～3 月龄的鸽多见。临床包括嗉囊炎、嗉囊肿瘤、嗉囊下垂、嗉囊积食、嗉囊积液、嗉囊积气等，表现出嗉囊异常胀大。

【病因】引起硬嗉囊炎的主要原因有暴食，特别是供水不足的暴食；采食了变质或不易消化的饲料；误食异物；受不健康的亲鸽哺食；摄入蛋白质含量高或含盐高的饲料、保健砂；患急性传染病引起胃肠炎也可诱发此病。

软嗉囊炎常因食入腐败变质的饲料或饮水，摄食了容易发酵的饲料，或误食毒物后在嗉囊内发酵和产生大量气体，引起嗉囊发炎和显著膨胀所致；鸽打斗、撞击而使体内气囊破裂，可引起嗉囊积气；嗉囊创伤或受病原微生物感染，引起长时间的嗉囊积食；其他因素引起的嗉囊积液。有的鸽患胃肠炎、鹅口疮、毛滴虫病等疾病也可继发引起此病。

【临床症状和病理变化】患硬嗉囊的病鸽临诊症状表现为精神不振或不安，不愿采食和饮水，甚至废绝，嗉囊胀大，触之坚硬结实，呼出气味酸臭，口腔唾液黏稠，排粪减少，粪便稀烂或便秘，日渐消瘦。因饲料的消化吸收受到影响，发生营养障碍；甚或整个消化道处于麻痹状态，无营养吸收，因饥饿而死亡；或因嗉囊肿大而压迫气管和颈静脉，引起窒息死亡。

患软嗉囊的病鸽表现食欲减退或完全不食，嗉囊胀大而下垂，内充满乳糜或腐败的黏性液体或气体，手摸有软绵绵的波动感，似有弹性，口气酸臭，口内唾液黏稠，常呕吐，腹泻，喜饮水。挤压嗉囊或将鸽倒提时，会流出灰色或乳白色的酸臭液，严重的因嗉囊溃烂而死亡。

【诊断】根据嗉囊一直异常胀大、内容物硬实或绵软便可作出诊断。但需要注意与鸽毛滴虫病、念珠菌病等疾病引起的嗉囊炎区别。

【防治措施】加强饲养管理，科学饲喂，充分供应清洁的饮用水，避免供水不足；注意饲料的搭配，不要饲喂霉变劣质的饲料，应供给优质、全价的饲料，亦不要在鸽饥饿时喂得过饱，避免暴饮暴食而引发消化不良。合理供应保健砂。针对一些易引起嗉囊炎的特殊病因，需提出相应对策加以防范，如因乳鸽孵出后没几天就死亡的，可以把大小相近的其他乳鸽合并，让新鸽代养，可避免母鸽乳糜炎的产生。

对硬嗉囊炎的治疗可根据积食严重程度不同而采取不同的治疗方法，在积食初期可喂酵母、乳酶生、胃蛋白酶或健胃消食片促进消化。轻者一般可灌服 2% 苏打水或 2% 盐水，或用 0.1% 高锰酸钾水冲洗，将鸽头朝下用手轻轻按摩嗉囊，使食物软化，吐出积食和水，然后喂维生素 B_6 半片或 1 片，可起止吐作用。严重的需要手术治疗。

软嗉囊炎的治疗首先是将嗉囊中的内容物排除掉，再进行冲洗，可喂胃舒平、酵母、土霉素等药，也可将食用盐、醋、复合维生素 B 溶液稀释成水溶液，用注射器注入病鸽口中，一天 2 次，一次 5 毫升，一般 3～5 日可愈。

91 什么是鸽有机磷农药中毒？怎样诊断和防治？

有机磷农药是一种毒性很强的杀虫剂，其种类较多，常用的有敌百虫、1605、1059、3911（甲拌磷）、乐果、敌敌畏等，在农业生产和环境杀虫方面应用较为广泛。鸽有机磷农药中毒后常呈急性临床症状，由于抑制鸽体内胆碱酯酶的活性，导致神经、生理功能紊乱，表现为流涎、腹泻、瞳孔缩小、抽搐等胆碱能神经高度亢奋的症状。

【病因】①鸽因误食了喷洒有机磷农药的青菜和粮食等而引起中毒，也可能因误饮了被有机磷农药污染的水而引起中毒。②用敌百虫驱除鸽体表寄生虫时，使用浓度过高或浸泡时间过长而引起中毒。③用敌敌畏进行对鸽舍内外杀虫，喷洒时稍有不慎，便会污染饮水或饲料而引起中毒。④人为故意投毒。

【临床症状】发生有机磷农药中毒最急性的，往往见不到任何症状，突然死亡。一般多为急性发作。病鸽表现突然停食，精神不安，无目的奔走，运动失调，两腿发软，不能站立，嗉囊积液，口角流出大量的口水、鼻液，流眼泪，呼吸困难，频频摇头，全身发抖，口渴，频频做吞咽动作，腹泻。濒危时，瞳孔收缩变小，口腔流出大量涎水，倒地，两肢伸直（彩图 27），肌肉震颤、抽搐，昏迷，最后因抽搐或窒息而死亡。

【病理变化】剖检可见皮下或肌肉有点状出血，血液呈暗黑色。肌胃内容物呈墨绿色、有大蒜味，肌胃黏膜充血或出血。肝脏、肾脏呈土黄色，肝肿大、瘀血。肠道黏膜弥漫性出血，严重时可见黏膜脱落。喉气管内充满带气泡的黏液，腹腔积液，肺瘀血、水肿，有时心肌及心冠脂肪有出血点。

【诊断】根据临床症状、病理变化和病死鸽肌胃内容物具有大蒜味的特点，结合具有接触有机磷农药的病史可能，可作出初步诊断。

【防治措施】有机磷农药中毒发生后往往来不及治疗就发生大

量死亡，因此应加强日常的饲养管理，对购进玉米等原粮要进行检测，若不能检测，应从有资质的粮食部门采购。加强农药的管理，禁止将农药与稻谷、饲料存放在同一仓库内，防止发生污染。在消灭鸽体表寄生虫时，应尽可能避免使用敌百虫等有机磷农药，而选用拟除虫菊酯类的低毒杀虫药。

　　一旦怀疑是有机磷农药中毒，应停止使用可疑饲料或饮水，以免毒物继续进入鸽体内。同时积极治疗，及时清除毒物，如冲洗体表的残留药，用0.1%高锰酸钾溶液冲洗解毒，喂服硫酸镁、硫酸钠、蓖麻油、石蜡油、生油等泻剂。每只鸽肌内注射1毫升解磷定注射液，首次注射过后15分钟再注射1毫升，以后每隔30分钟服阿托品1片，连续2~3次，并给予大量的清洁饮水。必要时手术治疗，先切开嗉囊前的皮肤，再切开嗉囊，清除其内容物，最后缝合切口，手术后停食1天，可口服云南白药和抗生素。

六、产品加工与营销

92 我国鸽文化有怎样的历史渊源?

鸽子的美丽不仅在于洁净的羽毛、柔美的身段、优雅的飞翔,她在创造使用价值的同时,也创造了一种文化价值,即鸽文化。鸽子一直是和平的象征,各国重大活动最后都以放飞鸽子来祈愿和平;飞鸽传书;赛鸽等。鸽文化不仅表现在娱乐、观赏、通讯工具等,更体现在她的营养价值和保健功效。民间自古有"无鸽不成宴"的说法;手术后的病人都要喝"鸽子汤"来补元气;生产后的妇女,也以吃鸽肉、鸽蛋为上补……以上种种都说明鸽文化源远流长。

(1)鸽文化溯源 ①公元前 4500 年美索不达米亚的艺术品和硬币上已镌有鸽子图像。②公元前 3000 年左右的埃及菜谱上有关于烹调鸽子的记载。③《周礼·天官·庖人》:"掌共(供)六畜、六兽、六禽",六禽中就有鸽,故约在公元前 3000 年鸽子被周王朝列为宫廷御品。④公元前 1900 年左右鸽子被指定为供奉上帝的祭品。⑤据文献记载,春秋战国时代就有关于喂养鸽子而食肉与观赏的记述。⑥汉刘邦枯井放鸽,解除了敌兵狐疑而脱险。⑦唐朝宰相张九龄是一位出色的养鸽家,他曾用鸽子与亲朋通信,号曰"飞奴传书"。⑧南宋高宗赵构着迷养鸽,"万鸽盘旋绕帝都,暮收朝放费工夫"。⑨16 世纪阿拉伯人远道经商,都身带鸽子借以传书与家人联系。⑩清代张万钟所著《鸽经》,是分类详细、记载丰富的一部早期养鸽著作。

（2）鸽子饮食在传统专著及文学作品中有众多记载　①《本草纲目》中对鸽肉、鸽血、鸽蛋的食疗作用作了详细记载：鸽肉可治解诸药毒，及人、马久患疥，调精益气，治恶疥疮癣。鸽血，解诸药百蛊毒。鸽卵，治解疮毒、痘毒。②《本草逢源》说："久患虚赢者，食之有益。"③清袁枚《随园食单》鸽子蛋做法：带壳整煮，微熟，去壳，用鸡汤加佐料煨之，可保鲜嫩味美。④《红楼梦》第四十回刘姥姥食鸽子蛋的描写颇为精彩：刘姥姥入了座，凤姐单拿了一双老年四楞象牙镶金的筷子给她，又偏拣了一碗鸽子蛋放在她桌上，刘姥姥拿起箸来，只觉不听使，又道："这里的鸡儿也俊，下的这蛋也小巧，怪俊的。我且得一个儿！"……那刘姥姥正夸鸡蛋小巧，凤姐儿笑道："一两银子一个呢！你快尝尝罢，冷了就不好吃了。"

（3）鸽子营养价值探秘　鸽肉、鸽蛋自古以来备受人们追捧，甚至有"一鸽胜九鸡"的美誉，营养及功效各说不一。中国农业科学院家禽研究所研究人员对其营养价值开展了探索研究，取得如下进展。

1）鸽肉　营养十分丰富，富含优质的蛋白质和人体必需的各种氨基酸，其中较高的鲜味氨基酸和肌苷酸更是鸽肉营养和美味所在。同时，鸽肉脂肪含量较低，还含有丰富的铁、锌等微量元素和维生素A、维生素D等，是人们追求的既营养又健康的进补佳品（表6-1）。

表6-1　鸽肉部分营养成分（每100克鸽肉中营养物质含量）

营养成分	含量	营养成分	含量
水分	73.23克	维生素A	6.20毫克
蛋白质	20.50克	维生素D	261.00毫克
脂肪	2.69克	铁	3.01毫克
总氨基酸	17.29克	铜	0.25毫克
鲜味氨基酸	6.75克	锰	0.09毫克
肌苷酸	0.12g	锌	1.18毫克

2）鸽蛋　被誉为"动物人参"，富含优质的蛋白质、卵磷脂、矿物质、维生素等营养物质，可促进幼儿的大脑发育、骨骼生长，对预防儿童过敏和老年血栓有良好功效（表6-2）。

表6-2　鸽蛋部分营养成分（每100克鸽蛋中营养物质含量）

营养成分	含　量	营养成分	含　量
热量	0.75兆焦	钾	120毫克
蛋白质	10.8克	钙	100毫克
卵磷脂	4.68克	硒	11毫克
总氨基酸	9.98克	铁	3毫克
必需氨基酸	5.51克	锌	1.18毫克

（4）食鸽文化引领现代品质生活　随着人们生活水平的提高，鸽肉、鸽蛋因其绿色、营养、健康，越来越受到人们的重视。有资料可查的有关鸽子、鸽蛋的食谱有200多种，如：① 东北的"伊通烧鸽子"，清太祖努尔哈赤食用后夸奖；②新疆的麦扎甫"冷水凉罐炖鸽子"，鲜嫩无比，奇香四溢；③江苏的金陵第一鸽"脆皮乳鸽"，更是皮脆肉酥，口感鲜嫩多汁；④宁夏的"香辣红子鸽"和"智慧鸽"同样瞩目关注；⑤最妙的还是广东的"红烧乳鸽"，吃法为一人一整只。在全国，尤其在珠三角、深圳、香港等地家喻户晓。其中，深圳一个招待所的"红烧乳鸽"平时日销量在3 000只左右，节假日达到过8 000多只！顾客的车都是停在500米以外，闻着卤水的香味去吃鸽子。吃饭自己找位，没有叫号，走廊都摆满桌子。食鸽文化相关图片见图6-1。

a　　　　　　　　　　　　b

图 6-1　红烧乳鸽及食鸽文化
a. 手抓红烧乳鸽　b. 吃鸽现场　c. 世界杂交水稻之父袁隆平为鸽题字

　　另外，民间广为流传的经典食谱还有姜爆鸽、清蒸鸽子、烤鸽、烧鸽、辣子鸽、韭香乳鸽、麻辣鸽胗、荷叶鸽、老鸽煲、虫草花鸽子汤、枣鸽蛋、乳鸽饭等（图 6-2）。

　　（5）鸽文化拉动消费、促进生产　消费市场是鸽业全产业链的终端，消费对生产具有重要的促进作用，即消费需求引导生产的调整和转型。

　　鸽业虽然目前仍是小众行业，但其符合当下消费者追求食品保

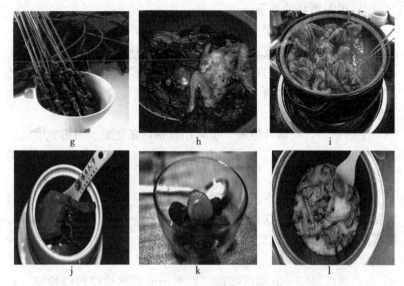

图 6-2　鸽宴

a. 姜爆鸽　b. 清蒸鸽子　c. 烤鸽　d. 烧鸽　e. 辣子鸽　f. 韭香乳鸽

g. 麻辣鸽胗　h. 荷叶鸽　i. 老鸽煲　j. 虫草花鸽子汤　k. 枣蛋　l. 乳鸽饭

健及安全食品的需要。因此，应当加大鸽文化的推广，繁荣鸽产品的加工形式，拓宽鸽产品的销售渠道，将鸽产品培育成新的消费热点，从而带动产业升级。

93　肉鸽产品初加工的步骤与方法是什么？

（1）屠宰前准备

1）乳鸽屠宰的最佳年龄　22～28 日龄。也可根据个体生长情况，提前或推迟几天。屠宰时间的确定除根据日龄外，还要参照乳鸽生长情况，如两翅膀下的针羽是否长齐并开花。已长齐开花的乳鸽较为肥壮，而且拔毛方便，屠宰率也较高。

2）停食　乳鸽宰前最好停食 8～10 小时，但不能停止喂水。一般认为鸽经一夜的休息、排泄，于第二天早晨空腹时集中屠宰比较理想。集中乳鸽时，要注意剔除病鸽，疫区的乳鸽不可屠宰，应隔离处理，以免造成传染病的扩散流行。

3）屠宰用具的准备

①屠宰架：用屠宰架屠宰乳鸽，功效高，损耗少。

屠宰架是用废铁皮或空罐头盒的铁皮卷成的圆锥体。锥体的上口直径 14 厘米，下口直径 7 厘米，锥体高 18 厘米。把制好的锥体按上口大，下口小的样子并排钉在木架上，每个锥体之间的距离是5～8 厘米。

②屠宰刀：用钢片做成，也可用废钢锯条做成。刀刃宽0.63～0.64 厘米，刀刃长 5.7 厘米，刀把长 12～13 厘米。制成刀坯的刀刃经磨砺即可使用。

③装鸽笼：是屠宰前收集活乳鸽用。笼不可太高，太高易使乳鸽互相趴压，造成皮肤破损，影响屠宰质量。一般 15～18 厘米高，用金属、木条均可做成筐架，周围钉上木条、毛竹片，或者用渔网钉上也可以。

4）宰前检疫　乳鸽屠宰前应请当地的畜禽检疫部门检疫。检疫的方法有群体检疫和个体检疫两种。

①群体检疫：在群体检疫前，检疫人员应向鸽场生产管理部门了解疫病情况，然后再对鸽群进行静态和动态的观察：观察鸽群的精神状况；观察鸽群中有无精神不振独处一隅的，有无羽毛松乱无光泽的，有无排异样粪便的，有无不正常的呼吸音等。一旦发现不正常的个体，应立即剔除。然后再对剔除的个体作进一步的检查。

②个体检疫：对群体检疫中剔除的个体进行检查。用手抓住乳鸽腿脚，进行感观检查，看其挣扎是否有力、叫声是否正常、肛门周围有无粪便污染、全身有无破损、体温是否正常等。如果发现有可疑传染病时，还要进一步采样化验。

（2）屠宰操作程序和方法

1）放血

①口腔放血法：将需要屠宰的活鸽头朝下分别放进屠宰架上的锥形圆筒里。左手拉下鸽头，使鸽嘴张开，右手用刀经上腭直刺脑部，后将刀尖稍稍扭转一下立即抽出。鸽大量放血后很快就会死亡。

②颈部放血法：在下颌的下面横切一刀1～1.5厘米，使血管、食管、气管均被切断。此法放血的优点是放血快，操作简便；缺点是切口大，易污染，不耐贮存。

③动脉放血法：在乳鸽头部左侧耳后切一小口，切断颈动脉的颅面分支即可放血。此法较口腔放血简便，但不易掌握，常因放血不完全而影响光鸽的美观，降低商品价值。

2）脱羽

①干拔法：屠宰后的乳鸽应尽快拔毛，否则，时间一长会因鸽体僵硬而很难拔毛。先顺拔翅羽和尾羽，斜拔背部和胸部羽毛，轻轻顺拔头上的短毛，最后摘除小羽和针羽。

②烫毛法：将放过血的乳鸽，放在70～75℃的热水中烫10分钟，然后捞出，拔净羽毛。

3）整理和初检　拔毛后的鸽体放在整理台上，仔细除去残留羽毛、嘴壳、脚皮、爪甲，用清洁的冷水淋洗鸽体，由检疫员检验，对个别身上有破损的、瘦弱的、体重不够等级的应剔除作为次品处理。

4）冲洗嗉囊　向洗净的光鸽嘴里插一根直径约0.7厘米的细管直达咽喉，打开水笼头向嗉囊中注入自来水，然后放低鸽头并用手挤压嗉囊，饲料就会从口中流出，如此反复冲洗，直到嗉囊中的饲料冲净为止。也有在嗉囊偏下部切一小口（约0.7厘米），将饲料挤出再用水冲洗干净。

5）净膛

①半净膛：在腹部横剪一个2厘米宽的小口，取出内脏，去肠、除去肫的内容物和肫皮。用水洗净内脏。把洗净的肝、心、肫装入小塑料袋中。最后再把装有内脏的小塑料袋放入乳鸽腹腔中即可。

②全净膛：即只保留肺脏的空腔乳鸽。

6）漂洗　空腔乳鸽放入流动水槽中漂洗10～15分钟，将血水洗净后捞出。

（3）分级包装、冷藏、运输、销售

1）分级包装　将半净膛或全净膛乳鸽的双脚爪装入腹部开口

内，把头颈拉至背侧即可，用塑料薄膜包紧，使胸脯向上；或装入透明塑料袋中。把装入塑料袋中的乳鸽按重量分等级放入包装箱中，然后用包带捆紧。每箱的数量，可根据客户的要求来确定。一般包装有按重量的，也有按数量的，按数量的每箱20～30只为好，太多则速冻慢且搬运不方便。

2）速冻冷藏　包装好的乳鸽应立即送入低温冷库，一般为－30～－20℃。经这样速冻后的乳鸽能长时间保存在冷库中，且解冻后仍像鲜鸽一样，不失其鲜美的味道。可及时出售，也可较长时间冷藏。

3）运输　宰好的乳鸽，包装后短途运输，天气热时应在车内放冰块保鲜；远途运输，应先进行速冻，运输冰鸽时最好用冷藏车。若没有冷藏车，可用泡沫塑料包在冻鸽箱外面，再覆盖冰块。这样处理，经20小时运输，都不会解冻。运到目的地即移进冷库保存。

4）销售　出售时从冷库取出。需要解冻只要在自来水中浸泡30～40分钟，或在室温下放置1～2小时，即可解冻销售供食用。

94 几种常见肉鸽产品深加工的工艺与方法有哪些？

（1）鸽肉干　鸽肉具有健脑益智的功效。采用科学的方法加工而成的质量上乘的鸽肉干，是健脑益智的理想食品。

1）宰杀　颈部宰杀，放血完全后剥皮，取其胸脯和大腿肌肉，置于冷水中浸泡0.5～1小时，捞出后沥干余血。

2）配料

①初煮辅料：鸽肉5千克，精盐50克，味精20克，甘草粉18克，白糖50克，安息香酸钠5克，姜粉10克，胡椒粉10克，料酒150克，酱油0.7千克。

②复煮辅料：枸杞子15克，远志肉15克，益智仁10克。熬成汤汁300毫升左右，在复煮时倒入复煮的肉汤里。

3）初煮　将沥干的肉块，放入初煮辅料的锅内水中煮沸，并随时撇掉汤中的油沫，初煮 1 小时左右。

4）冷却切片　将初煮后的肉块捞出，置于沥水容器中冷却。然后把肉块切成厚约 0.5 厘米的肉片。

5）复煮　把肉片放入复煮汤料中再煮，煮时不断翻动，等汤快熬干时，再加入料酒、味精拌匀，即可出锅冷却。

6）烘干　将出锅肉片置于烤筛上摊开，放入烘箱内，保持温度 50～60℃，每隔 1～2 小时换一次筛的位置，并翻动肉片，约经 7 小时即可烘干。烘干的肉片冷却后，装入食品塑料袋中封口即成。

（2）乳鸽软罐头　乳鸽肉质细嫩，营养丰富，具有滋补强身的功效，是老年、妇女、儿童和体弱者的滋补食品。下面介绍即食美味乳鸽罐头的加工技术。

1）原料整理　选用来自非疫区、健康良好的乳鸽，断食 8～12 小时,宰杀、放血、脱毛。去掉脚爪，取出内脏及瘀血，割除肛门、拉掉食管、气管和食囊，洗净沥干备用。

2）干腌　每 50 千克乳鸽料用精盐 1 千克、亚硝酸钠 30 克、维生素 C 25 克、葡萄糖 400 克、磷酸盐 100 克。将精盐炒干，冷却后与其余料混匀，涂抹鸽全身。肉厚处应重点涂抹，涂后一层层堆放缸中，腌制 6～8 小时。

3）湿腌　每 50 千克干腌乳鸽料用净水 50 千克、精盐 1.5 千克、白糖 1 千克、八角 150 克、桂皮 25 克、丁香 20 克、甘草 250 克、花椒和胡椒各 100 克、茶多酚 5 克。将香辛料用纱布包扎好，放入水中熬煮，至有浓香味后，倒入放有精盐、白糖和茶多酚的腌缸中搅拌，冷却后加入黄酒混匀。将干腌乳鸽冲净沥干，放入湿腌液中腌 8～12 小时。

4）整理与烘烤　将乳鸽捞出沥干放在工作台上，用手压断锁骨成平板状、用细绳或铁钩钩住送入烘房挂于烘架上，在 45～50℃下烘烤 8～10 小时，至含水量达 30% 以下。

5）切块与包装　将出烘房的半成品刷一层芝麻油，切为 2 厘米宽、3～5 厘米长的条块状，装入复合铝箔蒸煮袋。

6）杀菌、冷却　送入高温杀菌锅杀菌。出锅后自然冷却。在

（37±2）℃下存放 5～7 天，检查无胀袋和生霉现象，即可装箱、打包为成品。

（3）鲜味肉鸽脯 肉脯是一种制作考究、质量上乘、美味可口、携带容易、食用方便、耐贮存、销售极广的方便食品。然而，肉脯的加工历来是以猪、牛肉为原料，而以肉鸽为原料加工成的肉脯，国内尚少。充分利用肉鸽资源开发肉类新产品，满足广大消费者的需要，鲜味肉鸽脯已显示出良好的市场前景。以卜为其加工方法。

1）工艺流程 原料肉鸽的检验→整理→配料→斩拌（绞碎）→摊盘→烘干→熟制→压片→切片→质量检验→包装→成品。

2）工艺步骤 肉鸽的刺杀放血与分割。

①鸽肉的整理：经过剔骨后的肉鸽肉，必须经过检验。原料肉的各项卫生指标要求符合国家有关标准中一级鲜度的标准。对符合要求的原料肉，需剔去剩余的碎骨、脂肪、筋膜等，然后切成 2～3 厘米^3 的小块状。

②配料：配料（根据需要，可配成多种口味的肉鸽肉脯）中有多种辅料，主要有白糖、鱼露、鸡蛋、味精、亚硝酸钠、胡椒粉、五香粉等。准确称量上述各种辅料，先经适当处理，再添加到原料鸽肉中。

③斩拌（或绞碎）：整理后的原料鸽肉应采用斩拌机快速斩拌或多次绞碎成肉糜，边斩拌边加入各种配料，并加入适量的水，使原辅料调和均匀。如果采用绞肉机绞碎，绞碎过程中需加入适量水，以调整黏度，便于摊盘。

④摊盘：斩拌后的鸽肉糜需静置 20 分钟，以让各种调味料渗入鸽肉组织中。摊盘时先用手抹片，然后用其他器具抹平。鸽肉糜最好抹于涂油的竹席上，使之易于揭片。摊盘厚度要求在 0.15 厘米以内，必须厚薄均匀。

⑤烘干：将摊盘后的竹席或瓷盘迅速放入 65～70℃的烘箱或烘房中，烘制 2.5～3.5 小时。以有鼓风设备的烘箱或烘房为最好，等鸽肉糜大部分水分蒸发、能顺利揭片时，可揭片翻边烘烤。当肉

糜其余部分水分蒸发，干制成胚时，可将肉片从烘箱（房）内取出，自然冷却后即半成品。半成品肉脯水分含量一般为18%～20%。

⑥烘烤熟制：将半成品肉鸽肉脯放进170～200℃的高温烤箱（炉）内熟制，使半成品经高温预热、收缩、出油至成熟。当肉片颜色呈现棕黄色或棕红色时，即成熟。然后迅速出炉（箱），用平板重压，使肉脯平展。

⑦切片：为了便于包装、销售和贮藏，将压型后的肉脯，切成8厘米×12厘米或4厘米×6厘米的小块。每千克肉鸽肉脯约切30片或56～60片。

⑧成品包装：把切好的肉鸽肉脯放于冷凉室内冷却1～2小时，然后用无毒塑料袋真空包装，每袋装1～2片。

3）肉脯的质量与效益评估

①感官指标：色泽棕红或棕黄色，块形大小整齐一致，厚薄均匀。

②理化、生物指标：参见有关国家标准。

③效益评估：根据对肉鸽肉脯多次试制，鸽肉脯的出品率高达55%～58%。目前市场肉脯销售价为每千克65元以上，产品价值成几倍提高，经济效益十分明显。

4）分析　肉鸽肉脯属于方便食品，便于携带、保藏和食用，是出差、旅游、家庭、宴席佐餐的佳品。因此，肉鸽肉脯具有很大的发展前景和市场潜力。本研究在总结其他肉脯生产经验及工艺的基础上，摸索了肉鸽肉脯的生产工艺。从肉鸽肉脯配方来看，虽然也加入了适量的猪肥膘，但肉脯的脂肪含量仍在14%左右，同猪肉脯脂肪含量（14.3%）相差不多。因此，既为猪肥膘的综合利用开拓了新的渠道，又为肉鸽肉脯改善风味、降低生产成本、提高经济效益，起到了有益的作用。

（4）真空软包装即食肉鸽　即食肉鸽光亮油润，香味浓郁，营养丰富，酥嫩适口。采用真空软包装，提高了产品档次。不但可作快餐佳肴，而且方便旅游、野外工作携带。

1) 原料配方　鸽胴体 50 千克，生姜 60 克，花椒、砂仁、白芷、大茴香各 25 克，草果、陈皮、肉蔻各 20 克，小茴香、桂皮各 16 克，辛夷、丁香各 10 克，食用防腐剂适量。

2) 加工步骤

①备料：肉鸽宰杀、褪毛、去内脏，放流水中洗净、晾干。取鸽重 2.5% 的食盐涂抹鸽体内外，在常温下腌 1～2 小时。腌制完毕，用清水洗净鸽体。

②造型：将鸽的两腿交叉，使跗关节套叠插入肛门的开口处，右翅膀从宰杀刀口插入，翅尖反转塞入口中，左翅反转贴在鸽背后，使整个鸽体呈两头钝圆的椭球状。

③上色：按 5 份水、1 份饴糖配成饴糖水溶液，入锅煮沸。将造型好的鸽体用钩钩起浸泡其中涮烫 1 分钟左右，至表皮微黄油亮时取出，晾干。

④油炸：将植物油加热至 150℃ 左右。放进鸽体翻炸约 30 秒，待其表面呈柿黄色时取出，搁丝网上沥油冷晾。

⑤煮制：用纱布包扎好配方中各种香佐料放在锅底。加水 5 千克及食盐 0.5～1.0 千克煮沸 10～15 分钟。然后降温冷凉，用钩子将鸽体一层层平放在锅中，添水淹没，压上重物。用旺火将汤液烧沸后，改用文火降温，添加食用防腐剂溶液，并保持温度在 90℃ 左右，焖煮 1 小时便可熟透。

⑥出锅：撇去汤面上的浮油与污物，取出重物，小心捞起鸽体，同时用细毛刷刷去鸽体的附着物。注意要保持鸽体完整。剩余汤液可留作下次使用。

⑦包装：鸽体凉透后装入复合袋。进真空密封机封袋、抽真空时间 10～15 秒，真空度 0.08～0.09 兆帕，封口加热时间 3～5 秒。成品检验后即可入库，上市。

95 鸽终端产品如何进行市场开发与拓展？

(1) 要以市场为导向，即真正站在消费者的角度思考问题。

(2) 打破以往鸽业"重养轻商、忽视产品研发推广"的产业结构。养殖地产业发展水平和市场特征不同，调整策略也应该不同。比如南方，以广东为例：地理气候适宜、养殖基础雄厚、消费市场成熟等优势明显，主要应该在生产环节注意科学健康养殖、加大自动化程度、提高种鸽生产效率等方面进行调整；比如北方，以北京为例：消费水平高、市场潜力大、示范作用强等优势明显，主要应该在市场开拓和新产品推广方面进行调整；比如一二线城市，以上海为例：有消费习惯和市场规模，但本地已经不适合大规模养殖了，那主要就应该在市场准入和产品规范等方面进行升级和调整；再比如其他中小城市，养殖成本和市场空白有优势，但消费习惯、养殖规模有限，这就需要我们在鸽产品认知推广和抱团取暖等方面多下功夫。

（3）鸽产品的销售和推广有两个瓶颈需要解决：①鸽产品如何被快速有效地认知和推广；②如何把优质鸽产品快捷安全地送到目标消费者手里。未来的社会意识形态和生产经营组织一定是"生态化的互联网"，我们应以"食品安全、健康养殖、方便快捷、顾客至上、敦厚靠谱、实物实价"为核心价值观，把政府相关单位部门，科研院所，饲料、保健、设备等外围服务厂商，养殖、加工、销售、储运、客户、消费者等整个产业链的各个环节，以互联网的手段和思维方式有机地连接起来，共同创建"生态共荣圈"。

96 鸽业电商发展有哪些特质与趋势特点？

从本质上看，电商就是一个流量层层变现的生意。根据鸽产品的特点，有加工食品，也有一部分生鲜。

（1）电商类型 确定好产品类别和物流配送的方式之后，要选择在什么类型的平台上设立店铺，发布产品。目前作为商家，可以选择在天猫登录，作为直销类 B2C（business to consumer，商家对客户间交易）"触电"；也可以选择在一号店、易迅网、京东商城等平台类 B2C 开张。如果是有机食品，可以加盟沱沱工社的 B2C 平台。经过几年的发展，当今国内 B2C 格局初定，天猫与淘宝的市场份额排名居于电商第一位置，京东商城居于第二，挑战者是易迅网、1号店等公司。

作为一个电商，除了做好产品信息发布以外，还要处理好网上交易、物流配送、信用服务、电子支付和纠纷处理等方面的服务。选择了产品发布平台的同时，也选择了该平台的物流及金融体系。天猫和京东商城以全国的快递网络作支撑，而易迅则自有物流体系。京东商城冷链的产品直接从供应商冷库到京东一线配送站，京东会在配送站投入冷柜，以保证商品从源头到消费者手中品质不发生改变。1号店正在做保证生鲜产品的新鲜度和质量，及配送过程中如何保证不被压、不会变质的探索工作。此外，1号店平均一张订单的商品是16.7件，拣货人员在10万米^{2}仓库中完成一单的拣货时间仅为80秒。

（2）产品即品牌 当前的网络传播，其前所未有的高效与扁平，以用户为中心成为互联网思维的出发点与核心意义。互联网时代的品牌不再过分侧重广告、渠道所覆盖的知名度，而是更注意产品本身带来的美誉度、忠诚度。对于广大热衷于网购的消费者来说，产品的数量还有产品的质量和口感就是最好的招牌。

（3）重视年轻人的消费习惯 以电子商务、信息消费为主的新经济模式有望在未来一段时期内迎来新的黄金增长期，成为中国经济发展的一支重要力量。据预测，中国个人消费增长会持续加速。阿里巴巴作为市场占有率最大的网购平台，拥有几亿的年轻人用户。年轻人更注重消费体验。鸽产品是小众产品，特色产品、功能食品、休闲食品等方向不失为好的选择。

（4）线上与线下 中国智能手机用户已突破10亿人，移动客户端的存在几乎已经让手机成为"人体器官"。从团购开始的O2O（online to offline，线上线下间交易）模式，借助手机将线上与线下高效无缝地打通，服务与交易双向流动，通过手机客户端APP、微信软件可以随时随地付款，消费场景全天候移动化。

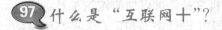 **97 什么是"互联网+"？**

2015年3月5日，十二届全国人大三次会议上，李克强总理

在政府工作报告中首次提出"互联网＋"行动计划。

"互联网＋"代表一种新的经济形态，即充分发挥互联网在生产要素配置中的优化和集成作用，将互联网的创新成果深度融合于经济社会各领域之中，提升实体经济的创新力和生产力，形成更广泛的以互联网为基础设施和实现工具的经济发展新形态。

"互联网＋"行动计划将重点促进以云计算、物联网、大数据为代表的新一代信息技术与现代制造业、生产性服务业等的融合创新，发展壮大新兴业态，打造新的产业增长点，为大众创业、万众创新提供环境，为产业智能化提供支撑，增强新的经济发展动力，促进国民经济提质增效升级。

通俗来说，"互联网＋"就是"互联网＋各个传统行业"，但这并不是简单的两者相加，而是利用信息通信技术及互联网平台，让互联网与传统行业进行深度融合，创造新的发展生态。

"互联网＋"是两化融合的升级版，是将互联网作为当前信息化发展的核心特征提取出来，与工业、商业、金融业等服务业的全面融合。这其中关键就是创新，只有创新才能让这个"＋"真正有价值、有意义。正因为此，"互联网＋"被认为是创新2.0下的互联网发展新形态、新业态，是知识社会创新2.0推动下的经济社会发展新形态演进。

互联网将会成为水、电一样的基础设施，它会像潮水一样漫过传统低效的洼地。传统的广告加上互联网成就了百度，传统集市加上互联网成就了淘宝，传统百货卖场加上互联网成就了京东，传统银行加上互联网成就了支付宝，传统的安保服务加上互联网成就了360，传统的红娘加上互联网成就了世纪佳缘，而传统的农业加上互联网站起了阳光舌尖。

"互联网＋"有如下6个特征。

1）跨界融合　"＋"就是跨界，就是变革，就是开放，就是重塑融合。敢于跨界了，创新的基础就会更坚实；融合协同了，群体智能才会实现，从研发到产业化的路径才会更垂直。融合本身也指代身份的融合，客户消费转化为投资，伙伴参与创新，等等，不一而足。

2）创新驱动　中国粗放的资源驱动型增长方式早就难以为继，必须转变到创新驱动发展这条正确的道路上来。这正是互联网的特质，用所谓的互联网思维来求变、自我革命，也更能发挥创新的力量。

3）重塑结构　信息革命、全球化、互联网业已打破了原有的社会结构、经济结构、地缘结构、文化结构。权力、议事规则、话语权不断在发生变化。"互联网＋"社会治理、虚拟社会治理会是很大的不同。

4）尊重人性　人性的光辉是推动科技进步、经济增长、社会进步、文化繁荣的最根本力量，互联网的力量之强大的最根本也来源于对人性的最大限度的尊重、对人体验的敬畏、对人的创造性发挥的重视。如 UGC（user generated content，用户原创内容）、卷入式营销、分享经济。

5）开放生态　关于"互联网＋"，生态是非常重要的特征，而生态的本身就是开放的。推进"互联网＋"，其中一个重要的方向就是要把过去制约创新的环节化解掉，把孤岛式创新连接起来，让研发由人性决定的市场驱动，让创业并努力者有机会实现价值。

6）连接一切　连接是有层次的，可连接性是有差异的，连接的价值是相差很大的，但是连接一切是"互联网＋"的目标。

98 "互联网＋"在鸽产品市场营销方面的应用模式与方法是什么？

"互联网＋"不是对传统行业的颠覆，而是升级换代，是"破与立"。所以，我们不能回避它，而且必须及时、勇敢地去面对它。

在鸽业生产端，我们是否可以采用互联网技术（大数据分析、云计算、物联网等）和互联网思维进行升级和更新；在鸽业销售端，我们是否可以采用和落地各种互联网模式，如 B2B（business to business，商家间交易）、B2C（business to consumer，商家对客户间交易）、C2C（consumer to consumer，个人间电子商务）、

O2O（online to offline，线上线下间交易）、F2C（factory to customer，工厂直达客服交易）等。这些问题值得我们探讨。

互联网本身不是关键，走到顾客端才是关键。互联网是工具，是商业模式，更是生活方式，所以对所有企业来说，挑战和机遇是一样的。如何真正获得发展空间和契机，取决于你是否拥有前端业务线的能力，是否真正走到顾客端，与顾客沟通，让顾客直接感知你的价值创造，或者与你一起创造价值。在新时期的今天，互联网让企业创造价值的能力更容易被顾客感知，企业可以更快速地集聚顾客。

99 什么是"物联网"？

物联网是互联网的3.0时代。即物物相连。物联网有感知层、传输层，应用层三个层次（图6-3）。

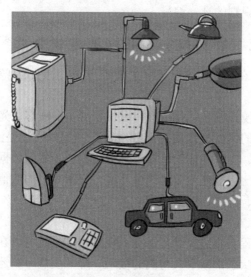

图6-3 物联网模型

物联网是一个动态的全球网络基础设施，它具有基于标准和互操作通信协议的自组织能力，其中物理的和虚拟的"物"具有身份标识、物理属性、虚拟的特性和智能的接口，并与信息网络无缝整合。物联网将与媒体互联网、服务互联网和企业互联网一道，构成未来互联网。

物联网就是"物物相连的互联网"。这有两层意思：①物联网的核心和基础仍然是互联网，是在互联网基础之上的延伸和扩展的一种网络；②其用户端延伸和扩展到了任何物品与物品之间，进行信息交换和通信。因此，物联网的定义是通过射频识别（RFID）装置、红外感应器、全球定位系统、激光扫描器等信息传感设备，按约定的协议，把任何物品与互联网相连接，进行信息交换和通信，以实现智能化识别、定位、跟踪、监控和管理的一种网络。

这里的"物"要满足以下条件才能够被纳入"物联网"的范围：①要有相应信息的接收器；②要有数据传输通路；③要有一定的存储功能；④要有 CPU；⑤要有操作系统；⑥要有专门的应用程序；⑦要有数据发送器；⑧遵循物联网的通信协议；⑨在世界网络中有可被识别的唯一编号。

100 现代"物联网"在鸽场运营方面有哪些应用？

物联网在鸽行业的应用主要是更好、更快地实现现代化养殖。

（1）环境控制自动化　如将风机、湿帘、喷雾、光照一系列环境控制相关的设备与自动化设备融合在一起，通过温湿度传感器、光照传感器、有害气体传感器等采集数据，采集的数据与建立模型的数值做对比，智能化监测鸽舍环境。当采集到的数值超过模型指标时，通风、光照、湿帘等可以自动开关，节省 70%～80% 夜巡人员。

（2）远程实时监控鸽舍情况　视觉识别系统可以在远程实时监测到鸽舍的状态，减少人与鸽的接触，降低发病率；还可以监控饲养员在鸽舍的操作情况、投料情况等。用手机端的 APP 连接到网络，可以在手机上进行实时监控、数据采集、控制开关等。

（3）后台数据的挖掘与问题追溯　我国幅员辽阔、气候各异，通过大量养殖场环境控制数据及生产性能表现数据的上传，物联网平台可为养殖户服务，如得到某区域的最适温度、湿度、饲料配方等。

养殖场采集的数据可实时保存到服务器上，便于追溯设备或人员出现的问题。终端鸽产品也可以通过二维码扫描，实现食品安全的可追溯性，如生产厂家、产蛋鸽信息及疫苗免疫情况等信息。

附录一 鸽常用饲料营养成分

附表 1-1 鸽常用饲料营养成分

饲料名称	代谢能(兆焦/千克)	干物质(%)	粗蛋白(%)	粗脂肪(%)	粗纤维(%)	无氮浸出物(%)	粗灰分(%)	淀粉(%)	钙(%)	总磷(%)	有效磷(%)
玉米	13.31	86	9.4	3.1	1.2	71.1	1.2	60.9	0.09	0.22	0.09
高粱	12.3	86	9	3.4	1.4	70.4	1.8	68	0.13	0.36	0.12
大豆	13.56	87	35.5	17.3	4.3	25.7	4.2	2.6	0.27	0.48	0.14
小麦	12.72	88	13.4	1.7	1.9	69.1	1.9	54.6	0.17	0.41	0.13
大麦（裸）	11.21	87	13	2.1	2	67.7	2.2	50.2	0.04	0.39	0.13
大麦（皮）	11.3	87	11	1.7	4.8	67.1	2.4	52.2	0.09	0.33	0.12
黑麦	11.25	88	9.5	1.5	2.2	73	1.8	56.5	0.05	0.3	0.11
稻谷	11	86	7.8	1.6	8.2	63.8	4.6	—	0.03	0.36	0.15
糙米	14.06	87	8.8	2	0.7	74.2	1.3	47.8	0.03	0.35	0.13
碎米	14.23	88	10.4	2.2	1.1	72.7	1.6	51.6	0.06	0.35	0.12
粟（谷子）	11.88	86.5	9.7	2.3	6.8	65	2.7	63.2	0.12	0.3	0.09
大豆粕	10.58	89	44.2	1.9	5.9	28.3	6.1	3.5	0.33	0.62	0.21
小麦麸	5.69	87	15.7	3.9	6.5	56	4.9	22.6	0.11	0.92	0.28
玉米蛋白粉	16.23	90.1	63.5	5.4	1	19.2	1	17.2	0.07	0.44	0.16
鱼粉	11.8	90	60.2	4.9	0.5	11.6	12.8	—	4.04	2.9	2.9
肉骨粉	9.96	93	50	8.5	2.8	—	31.7	—	9.2	4.7	4.7

附表 1-2　鸽常用饲料氨基酸含量（%）

饲料名称	赖氨酸	蛋氨酸	胱氨酸	色氨酸	苏氨酸	精氨酸	苯丙氨酸	酪氨酸	亮氨酸	异亮氨酸	缬氨酸	组氨酸
玉米	0.26	0.19	0.22	0.08	0.31	0.38	0.43	0.34	1.03	0.26	0.4	0.23
高粱	0.18	0.17	0.12	0.08	0.26	0.33	0.45	0.32	1.08	0.35	0.44	0.18
大豆	2.2	0.56	0.7	0.45	1.41	2.57	1.42	0.64	2.72	1.28	1.5	0.59
小麦	0.35	0.21	0.3	0.15	0.38	0.62	0.61	0.37	0.89	0.46	0.56	0.3
大麦（裸）	0.44	0.14	0.25	0.16	0.43	0.64	0.68	0.4	0.87	0.43	0.63	0.16
大麦（皮）	0.42	0.18	0.18	0.12	0.41	0.65	0.59	0.35	0.91	0.52	0.64	0.24
黑麦	0.35	0.15	0.21	0.1	0.31	0.48	0.42	0.26	0.58	0.4	0.43	0.22
稻谷	0.29	0.19	0.16	0.1	0.25	0.57	0.4	0.37	0.58	0.32	0.47	0.15
糙米	0.32	0.2	0.14	0.1	0.28	0.5	0.4	0.31	0.61	0.3	0.49	0.17
碎米	0.42	0.22	0.17	0.12	0.38	0.78	0.49	0.39	0.74	0.39	0.57	0.27
粟（谷子）	0.15	0.25	0.2	0.17	0.35	0.3	0.49	0.26	1.15	0.36	0.42	0.2
大豆粕	2.99	0.68	0.73	0.65	1.85	3.43	2.33	1.57	3.57	2.1	2.26	1.22
小麦麸	0.56	0.22	0.31	0.18	0.4	0.88	0.57	0.34	0.88	0.46	0.65	0.37
玉米蛋白粉	1.1	1.6	0.99	0.36	2.11	2.01	3.94	3.19	10.5	2.92	2.94	1.23
鱼粉	4.72	1.64	0.52	0.7	2.57	3.57	2.35	1.96	4.8	2.68	3.17	1.71
肉骨粉	2.6	0.67	0.33	0.26	1.63	3.35	1.7	1.26	3.2	1.7	2.25	0.96

附表 1-3　鸽常用饲料维生素含量（毫克/千克）

饲料名称	胡萝卜素	生育酚	硫胺素	核黄素	泛酸	烟酸	生物素	叶酸	胆碱	吡哆素
玉米	2	22	3.5	1.1	5	24	0.06	0.15	620	10
高粱	—	7	3	1.3	12.4	41	0.26	0.2	668	5.2
大豆	—	40	12.3	2.9	17.4	24	0.42	2	3 200	12
小麦	0.4	13	4.6	1.3	11.9	51	0.11	0.36	1 040	3.7
大麦（裸）	—	48	4.1	1.4		87	—	—	—	19.3
大麦（皮）	4.1	20	4.5	1.8	8	55	0.15	0.07	990	4
黑麦	—	15	3.6	1.5	8	16	0.06	0.6	440	2.6
稻谷	—	16	3.1	1.2	3.7	34	0.08	0.45	900	28

（续）

饲料名称	胡萝卜素	生育酚	硫胺素	核黄素	泛酸	烟酸	生物素	叶酸	胆碱	吡哆素
糙米	—	13.5	2.8	1.1	11	30	0.08	0.4	1 014	0.04
碎米	—	14	1.4	0.7	8	30	0.08	0.2	800	28
粟（谷子）	1.2	36.3	6.6	1.6	7.4	53	—	15	790	—
大豆粕	0.2	3.1	4.6	3	16.4	30.7	0.33	0.81	2 858	6.1
小麦麸	1	14	8	4.6	31	186	0.36	0.63	980	7
玉米蛋白粉	44	25.5	0.3	2.2	3	55	0.15	0.2	330	6.9
鱼粉	—	7	0.5	4.9	9	55	0.2	0.3	3 056	4
肉骨粉	—	0.8	0.2	5.2	4.4	59.4	0.14	0.6	2 000	4.6

附表1-4 鸽常用饲料矿物质元素含量

饲料名称	钠（％）	氯（％）	镁（％）	钾（％）	铁（毫克/千克）	铜（毫克/千克）	锰（毫克/千克）	锌（毫克/千克）	硒（毫克/千克）
玉米	0.01	0.04	0.11	0.29	36	3.4	5.8	21.1	0.04
高粱	0.03	0.09	0.15	0.34	87	7.6	17.1	20.1	0.05
大豆	0.02	0.03	0.28	1.7	111	18.1	21.5	40.7	0.06
小麦	0.06	0.07	0.11	0.5	88	7.9	45.9	29.7	0.05
大麦（裸）	0.04	—	0.11	0.6	100	7	18	30	0.16
大麦（皮）	0.02	0.15	0.14	0.56	87	5.6	17.5	23.6	0.06
黑麦	0.02	0.04	0.12	0.42	117	7	53	35	0.4
稻谷	0.04	0.07	0.07	0.34	40	3.5	20	8	0.04
糙米	0.04	0.06	0.14	0.34	78	3.3	21	10	0.07
碎米	0.07	0.08	0.11	0.13	62	8.8	47.5	36.4	0.06
粟（谷子）	0.04	0.14	0.16	0.43	270	24.5	22.5	15.9	0.08
大豆粕	0.03	0.05	0.28	2.05	185	24	38.2	46.4	0.1
小麦麸	0.07	0.07	0.47	1.19	157	16.5	80.6	104.7	0.05
玉米蛋白粉	0.01	0.05	0.08	0.3	230	1.9	5.9	19.2	0.02
鱼粉	0.97	0.61	0.16	1.1	80	8	10	80	1.5
肉骨粉	0.73	0.75	1.13	1.4	500	1.5	12.3	90	0.25

附录二　快速诊断鸽病简表

附表 2-1　肉眼察看快速诊断鸽病简表（童鸽、青年鸽）

发病部位	临诊表现	可能疾病
口腔和咽喉	内部有黄白色干酪样物（白色假膜），口烂 内部有珍珠状水疱 内部有黄白斑点，口角有结节状小瘤 内部有乳酪样纽扣大小肿胀	鹅口疮 鹅口疮 白喉型鸽痘 鸽毛滴虫病
眼睛	流泪；肿胀 眼睑内常有干酪样物 没有神采，眼睑有结节小瘤	伤风、感冒 鸽支原体病、传染性鼻炎 维生素 A 缺乏症、鸽痘
鼻和鼻瘤	水样分泌物脏污	伤风、感冒、鸟疫
头颈部	头颈扭转，共济失调 大量神经症状 头颤抖或摇摆	副伤寒、维生素 B_1 缺乏症 鸽新城疫 偏头痛、鸽新城疫
嗉囊	触之硬实、肿胀 内部胀软、胀气	鸽毛滴虫病、硬嗉病 胃肠炎、消化不良
翅膀	关节肿大	副伤寒
腿部	关节肿大、单脚站立 腿向外伸向一边	副伤寒 腿挫伤、脱腱症
腹、脐部	肿胀	鸽毛滴虫病
肛门	肿胀、有结节状小瘤 肿胀、出血	鸽痘 禽出血性败血症、鸽新城疫
皮肤和羽毛	结节小瘤 啄食新生羽毛 皮肤发紫 皮下出血，血肿	鸽痘 异食癖、硫缺乏症 丹毒 中毒、维生素 K 缺乏症
骨	软骨，站立不稳	缺钙、缺维生素 D

（续）

发病部位	临诊表现	可能疾病
综合症状	软弱、贫血 瘦弱、排血便 生长缓慢，羽毛松乱 腹泻 大量鸽排水样粪便 排绿色便 呼吸困难 呼吸啰音	体内寄生虫、副伤寒 球虫病、蛔虫病 体外寄生虫 消化不良 鸽新城疫 溃疡性肠炎 支原体病、鸟疫 支气管炎、肺炎

附表 2-2　肉眼察看快速诊断鸽病简表（成年鸽）

发病部位	临诊表现	可能疾病
口腔 和喉部	口腔内有黄白色斑点 上腭有针头大小灰白色坏死点	鸽痘 鸽毛滴虫病
眼睛	流泪，有黏性分泌物积聚 单侧性流分泌物，肿胀 眼睑肿胀	眼炎、维生素 A 缺乏症 鸟疫 伤风、感冒、传染性鼻炎
头颈部	头肿胀、小结节小瘤 头部位不正常，头颈扭转 头部颤抖、摇摆，共济失调	鸽痘、皮下瘤 多发性神经炎、维生素 B_1 缺乏症 鸽新城疫
嗉囊	内积液，流动感 内硬实肿胀	软嗉病、乳糜炎 硬嗉病
翅膀	关节肿胀、肿瘤 下垂，无力飞翔 黄色坚硬肿块 黄色小脓疮	副伤寒 副伤寒 副伤寒 外伤、副伤寒
足部	黄色硬块 单侧站立，关节肿胀 产蛋时腿瘫痪 有大小不一结节状小瘤 肿大 底部肿块	副伤寒 副伤寒 维生素 D 缺乏症 鸽痘 痛风 葡萄球菌感染

（续）

发病部位	临诊表现	可能疾病
皮肤	皮下充气 皮下肿瘤 皮肤小结节 皮下出血、血肿 皮肤发绀 皮肤糜烂	气肿 皮瘤 鸽痘 中毒、维生素 K 缺乏症 丹毒 螨病、外伤
羽毛	无毛斑块 羽毛残缺、易断 羽毛松乱、无光泽 羽毛脏污，沾有分泌物	螨病 外寄生虫病 内寄生虫病 鸟疫、慢性呼吸道病
肛门	周围羽毛被粪便沾污 输卵管突出 肿胀，排出黏液	禽霍乱、肠炎 难产症 肠炎、副伤寒
综合症状	消瘦体弱 精神不佳、坐立不安 呼吸困难、张口呼吸 呼吸困难伴有神经症状 肺有呼吸啰音 大量饮水，不思食料 腹泻，血便 大量鸽排水样稀便 排铜绿色、棕褐色粪便 不生蛋 蛋难产 突然死亡 大批鸽突然死亡	球虫病、副伤寒 外寄生虫病 支气管炎、鸟疫 鸽新城疫 肺炎、肺结核 内寄生虫病、热性病 痢疾、球虫 鸽新城疫 禽霍乱 卵巢瘤、副伤寒 肿瘤、腹膜炎、输卵管炎、肺充血 禽出血性败血病、中毒、鸽新城疫

附录三　鸽推荐免疫程序

附表 3-1　鸽推荐免疫程序（仅供参考）

疫病名称	生育阶段	免疫时间	免疫剂量	疫苗种类	接种方式
新城疫	后备鸽（乳鸽、童鸽、青年鸽）	25~30日龄	1头份/只+0.3毫升/只	新城疫Ⅳ弱毒苗+新城疫油乳剂灭活苗	滴鼻点眼+肌内注射
		45~50日龄	1头份/只+0.3毫升/只	新城疫Ⅳ弱毒苗+新城疫油乳剂灭活苗	滴鼻点眼+肌内注射
		120日龄	2头份/只+0.4毫升/只	新城疫Ⅳ弱毒苗+新城疫油乳剂灭活苗	滴鼻点眼+肌内注射
	生产鸽	每9个月根据新城疫抗体滴度检测水平决定是否接种疫苗	0.5毫升/只	新城疫油乳剂灭活苗	肌内注射
鸽痘	后备鸽（乳鸽、童鸽、青年鸽）	20~30日龄	1头份/只	禽痘弱毒苗	刺种
		60~70日龄	2头份/只	禽痘弱毒苗	刺种

注：①本免疫程序可供疫病常发地区参考，非疫区可结合实际情况选择参考；
②新城疫抗体滴度检测水平小于6 log2时，需进行疫苗接种。

参考文献
REFERENCES

卜柱，戴有理，2010. 肉鸽高效益生产综合配套新技术 [M]. 北京：中国农业出版社.

卜柱，厉宝林，赵振华，等，2010. 中国肉鸽主要品种资源与育种现状 [J]. 中国畜牧兽医，37（6）：116-119.

卜柱，王强，厉宝林，2010. 肉鸽饲料营养研究进展 [J]. 中国家禽，32（24）：47-49，53.

卜柱，王强，厉宝林，2010. 双母拼对笼养模式对鸽蛋营养及品质的分析[J]. 中国家禽，32（20）：59-61.

卜柱，赵宝华，2012. 图说高效养肉鸽关键技术 [M]. 北京：金盾出版社.

卜柱，2009. 我国肉鸽养殖之我见 [J]. 中国禽业导刊，26（16）：38.

卜柱，2013. 鸡饲料配制关键技术 [M]. 北京：中国农业出版社.

陈军，2008. 对姜堰市肉鸽产业发展情况的调查分析 [J]. 中国禽业导刊，25（18）：14-15.

陈鹏举，赵东明，张翰，等，2002. 鸽Ⅰ型副黏病毒的分离与鉴定 [J]. 畜牧与兽医，34（10）：27-28.

陈益填，蔡流灵，2005. 肉鸽透视 [M]. 北京：中国农业出版社.

陈益填，江玉云，黎治彬，2009. 高产肉鸽配套系的选育 [C]. 第十四次全国家禽科学学术讨论会论文集. 北京：中国农业科学技术出版社.

陈朱镇，2009. 蛋鸽双母拼对提高产蛋率的技术开发研究 [J]. 浙江畜牧兽医（4）：27.

程占英，李晓索，常玉军，2008. 肉鸽场址及鸽舍规划 [J]. 养殖技术顾问（9）：14-15.

戴鼎震，2002. 肉鸽生产大全 [M]. 南京：江苏科学技术出版社.

丁卫星，2003. 专业户肉用鸽养殖手册 [M]. 北京：中国农业出版社.

顾澄海，2008. 中国鸽文化鉴赏 [M]. 上海：上海科学技术出版社.

顾澄海，2010. 养鸽新法 [M]. 2版. 上海：上海科学技术出版社.

胡清海，黄建芳，1999. 鸽腺病毒感染 [J]. 中国家禽，21（3）：41-42.

焦库华，2003. 禽病的临床诊断与防治 [M]. 北京：化学工业出版社.

金群英，2008. 采用人工孵化和人工喂养乳鸽提高种鸽产蛋率和肉鸽成活率 [J]. 中国畜禽种业（12）：28.

金玉国，2007. 养鸽大王谈养鸽 [M]. 江西：江西科学技术出版社.

李存志，任志明，常玉君，2008. 肉鸽的选种与选配 [J]. 养殖技术顾问 （11）：22，27.

李梅，张菊仙，魏杰文，2001. 云南省鸽新城疫病毒的分离鉴定 [J]. 中国预防兽医学报，23（3）：290-292.

李云，2008. 肉鸽的养殖技术 [J]. 现代农业科技（10）：155-156.

梁正翠，张高娜，王志跃，等，2008. 提高肉鸽繁殖力的措施 [J]. 养禽与禽病防治（10）：30-32.

刘菲，2008. 肉鸽市场风光无限 [J]. 农业知识（1）：7.

刘洪云，张苏华，丁卫星，2004. 肉鸽科学饲养诀窍 [M]. 上海：上海科学技术文献出版社.

刘洪云，2002. 工厂化肉鸽饲养新技术 [M]. 北京：中国农业出版社.

刘晓旺，2008. 冬天如何把好肉鸽防冻关 [J]. 特种养殖（23）：29.

刘玉芳，2008. 肉鸽的饲养管理 [J]. 中国畜禽种业（10）：29.

陆应林，张振兴，2004. 肉鸽养殖 [M]. 北京：中国农业出版社.

路光，1995. 安徽省部分地区家鸽球虫种类调查 [J]. 中国兽医寄生虫病，3 （3）：38-39.

罗锋，陈泽华，苏遂琴，2007. 鸽毛滴虫病的研究进展 [J]. 中国兽医寄生虫病，15（3）：51-54.

沈建忠，1997. 实用养鸽大全 [M]. 北京：中国农业出版社.

苏德辉，丁再栋，2000. 肉鸽生产关键技术 [M]. 南京：江苏科学技术出版社.

王修启，李世波，詹勋，等，2009. 肉鸽养殖"2＋4"生产模式下种鸽的粗蛋白质需要研究 [J]. 饲料工业，30（17）：59-62.

王修启，李世波，詹勋，等，2009. 肉鸽养殖"2＋4"生产模式下种鸽的能量需要研究 [J]. 粮食与饲料工业（4）：45-46.

王曾年，安宁，2006. 养鸽全书——信鸽、观赏鸽与肉鸽 [M]. 北京：中国农业出版社.

王增年，安宁，2006. 无公害肉鸽标准化生产 [M]. 北京：中国农业出版社.

卫龙兴，徐永飞，唐则裔，2013. 商品蛋鸽双母配对养殖技术 [J]. 动物科学（23）：276，279.

吴红，2008. 提高新配对种鸽出雏率的试验 [J]. 养殖技术顾问（7）：9.

吴祖立，叶陈梁，2002. 鸽病百问 [M]. 上海：上海科学技术出版社.

谢鹏，施则伟，付胜勇，等，2015. 不同配对方式下雌鸽繁殖期生殖相关激素水平的变化规律 [J]. 中国家禽，37（10）：21-25.

辛朝安，2008. 禽病学 [M]. 2版. 北京：中国农业出版社.

余晓彬，邵冬冬，戴鼎震，等，2009. 鸽痘病毒的分离与鉴定 [J]. 中国家禽，31（7）：45-46.

余有成，董庆爱，2002. 肉鸽快速饲养新技术问答 [M]. 北京：中国农业出版社.

张树合，张志刚，闫冶军，2008. 肉鸽高产的饲养措施 [J]. 养殖技术顾问（7）：7.

张振兴，2001. 特禽饲养与疾病防治 [M]. 北京：中国农业出版社.

赵宝华，卜柱，徐步，等，2010. 肉鸽大肠杆菌的分离与鉴定 [J]. 经济动物学报，14（4）：225-227.

赵宝华，程旭，卜柱，等，2010. 肉鸽霉菌病的病原鉴定及病理组织学研究 [J]. 经济动物学报，14（3）：161-163，167.

赵宝华，傅元华，范建华，等，2010. 鸽新城疫油乳剂灭活疫苗的研制 [J]. 江苏农业学报，26（6）：1293-1297.

赵宝华，邢华，2010. 鸽病防治 [M]. 上海：上海科学技术出版社.

赵宝华，邢华，2011. 鸽病诊断与防治原色图谱 [M]. 北京：金盾出版社.

赵宝华，朱飞燕，2012. 鸽病防控百问百答. 北京：中国农业出版社.

赵宝华，2010. 我国肉鸽疾病的发生现状 [J]. 中国家禽，32（23）：43-44.

郑立民，2008. 肉鸽的品种、饲料与设备 [J]. 养殖技术顾问（7）：16.

朱娟，沙文锋，顾拥建，等，2009. 肉鸽杂交利用技术研究 [J]. 畜禽业，2（238）：46-47.

朱新培，2008. 影响种鸽蛋孵化率的因素和措施 [J]. 中国家禽，30（14）：46-47.

Saif Y. M. 主编. 苏敬良，高福，索勋主译，2005. 禽病学 [M]. 11版. 北京：中国农业出版社.

邹剑敏，卜柱，2015. 高效生态养鸽新技术 [M]. 北京：中国农业出版社.

邹永新，余双祥，刘思伽，等，2008. 广东地区鸽禽Ⅰ型副黏病毒分离株生物

学特性研究 [J]. 中国家禽，30 (16)：42-43.

Costantini D，2010. Effects of diet quality on growth pattern，Serum oxidative status，and Corticosterone in pigeons (Columba livia) [J]. Can. J. Zool，88：795-802.

Dong X. Y.，Zhang M.，Jia Y. X.，et al，2013. Physiological and hormonal aspects in female domestic pigeons (Columba livia) associated with breeding stage and experience [J]. Journal of Animal physiology and Animal Nutrition，97：861-867.

Sales J.，Janssens G. P. J，2003. Nutrition of the domestic pigeon [J]. World's Poultry Science Journal，59：221-232.

Waldie G. A.，Olomu J. M.，K. M. Cheng，et al，1991. Effects of two feeding systems，two protein levels，and different energy sources and levels on performance of squabbing pigeons [J]. poultry Science，70：1206-1212.

Xie Peng，Fu Shengyong，Bu Zhu，et al，2013. Effects of age and parental Sex on digestive enzymes，growth factors and immuneglobulin of pigeon squab [J]. Journal of Animal and Veterinary Advances，12：932-936.

Xie P.，Wang M.，Yuan C.，et al，2013. Effect of different fat sources in parental diets on growth performance，villus morphology digestive enzymes and colorecturn microbiota in pigeon squabs [J]. Archives of Animal Nutrition，67：147-160.

彩图 1 颈部广泛性皮下充血、出血

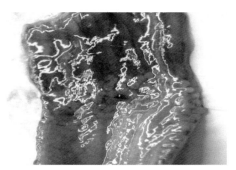

彩图 2 食道与腺胃之间有条纹状
出血

彩图 3 腺胃乳头出血、腺胃与肌
胃交界处有出血条带

彩图 4 肌胃内容物呈墨绿色

彩图 5 肌胃角质膜下出血斑

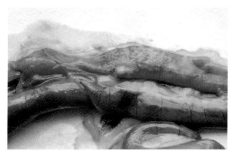

彩图 6 肠出血,可见溃疡性结节

彩图 7 脑出血

彩图 8 眼睑、鼻瘤处出现鸽痘

彩图 9 爪部鸽痘

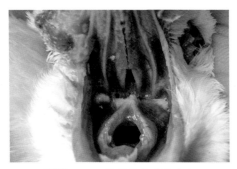

彩图 10 口腔喉头出现黄白色
鸽痘痂

彩图 11 鼻瘤与嘴角出现
混合性鸽痘

彩图 12　鸽疱疹病毒感染

彩图 13　心包炎、心包积液

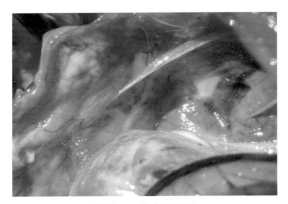

彩图 14　胸气囊混浊

彩图 15　肺肉芽肿结节

彩图 16　肠黏膜脱落形成肠栓

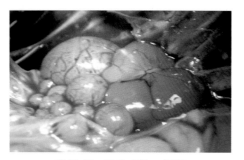

彩图 17　卵泡变性、坏死

彩图 18　肺出现黄白色大小不一的霉菌性结节

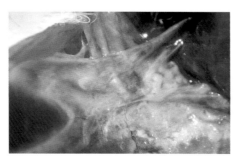

彩图 19　胸气囊混浊、增厚，有黄白色结节

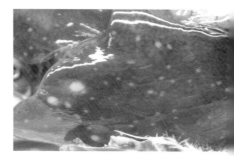

彩图 20　肝出现黄白色霉菌性结节

彩图 21　肠出现黄白色霉菌性结节

彩图 22　霉菌引起的脑充血、出血

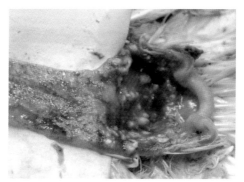

彩图 24　鸽毛滴虫侵入肝脏引起黄
色干酪样坏死灶

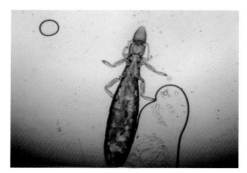

彩图 26　显微镜下的鸽长羽虱
（30 倍）

彩图 23　鸽毛滴虫引起口腔溃疡并
有黄白色沉积物

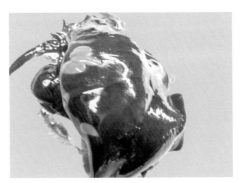

彩图 25　鸽毛滴虫病(泄殖腔型)引
起直肠和泄殖腔黏膜出现灰
白色小结节

彩图 27　鸽有机磷中毒后流口水，
瞳孔缩小

肉鸽良种繁育专家

河南天成鸽业有限公司

ABOUT TIAN CHENG PIGEON

走进河南天成鸽业

　　河南天成鸽业有限公司位于河南省舞钢市，是中国肉鸽良种繁育推广大型企业，现存栏13个肉鸽良种品系和12万对核心种群，主导正在建设的舞钢市鸽业现代农业产业园计划存栏种鸽120万对，助推乡村振兴。公司自主选育"天成王鸽"系列高产品系，实现了喂养自动化和管理程序规范化，赢得养鸽户的由衷信赖，年繁育推广高产肉鸽良种30余万对，引种客户遍及全国，"天成王鸽"获评"世界十大名鸽"。

宗旨：科技兴企 养鸽富民 产业报国　　　　理念：培育优良品种 发展现代鸽业

目标：创建世界一流肉鸽良种繁育基地　　　　带动千家万户养鸽致富共奔小康

河南天成鸽业有限公司是中国农业科学院家禽研究所肉鸽研究基地、河南省肉鸽良种繁育工程技术研究中心实体依托单位。公司精心培育的"天成肉鸽"，是该公司重点推广的高产良种，兼具广泛适应南、北方气候的特点，耐寒耐热，抗逆性能好，可种、肉、蛋兼用，20余年来在全国各地区广泛推广，养殖效益高，深受养鸽户信赖。

品种展示

白王鸽

银王鸽

灰王鸽

泰森自别鸽

欧洲肉鸽

卡奴鸽

业务热线：400-009-3611
座　　机：0375-8310798
手　　机：15093780175
　　　　　13782409728

公司官网：www.tianchenggeye.com
公司邮箱：tianchenggeye@163.com
基地地址：河南省平顶山市舞钢市武功乡武
　　　　　功转盘东1.5千米

扫码进官网